深入浅出深度学习

[克罗]桑德罗·斯卡尼(Sandro Skansi) 著

杨小冬 译

清华大学出版社

北 京

北京市版权局著作权合同登记号 图字：01-2018-8458

First published in English under the title Introduction to Deep Learning: From Logical Calculus to Artificial Intelligence by Sandro Skansi.

Copyright © 2018.

This edition has been translated and published under licence from Springer Nature Switzerland AG. All Rights Reserved.

图书在版编目(CIP)数据

深入浅出深度学习 / (克罗) 桑德罗·斯卡尼(Sandro Skansi) 著；杨小冬译. —北京：清华大学出版社，2021.4
书名原文：Introduction to Deep Learning：From Logical Calculus to Artificial Intelligence
ISBN 978-7-302-57321-0

Ⅰ.①深… Ⅱ.①桑… ②杨… Ⅲ.①软件工具—程序设计 Ⅳ.①TP311.561

中国版本图书馆 CIP 数据核字(2021)第 012333 号

责任编辑：王　军
封面设计：孔祥峰
版式设计：思创景点
责任校对：成凤进
责任印制：杨　艳

出版发行：清华大学出版社
　　　　网　　　址：http://www.tup.com.cn，http://www.wqbook.com
　　　　地　　　址：北京清华大学学研大厦 A 座　　　邮　　编：100084
　　　　社 总 机：010-62770175　　　邮　　购：010-62786544
　　　　投稿与读者服务：010-62776969，c-service@tup.tsinghua.edu.cn
　　　　质 量 反 馈：010-62772015，zhiliang@tup.tsinghua.edu.cn
印 装 者：北京鑫海金澳胶印有限公司
经　　销：全国新华书店
开　　本：170mm×240mm　　　印　　张：13　　　字　　数：254 千字
版　　次：2021 年 4 月第 1 版　　　印　　次：2021 年 4 月第 1 次印刷
定　　价：49.80 元

产品编号：081004-01

译 者 序

大家应该都听说过，在 2016 年，Google DeepMind 的 AlphaGo 与韩国围棋大师李世石九段进行了著名的人机大战，并且取得完胜。媒体描述 AlphaGo 的胜利时，都提到了人工智能(Artificial Intelligence，AI)、机器学习(Machine Learning)和深度学习(Deep Learning)。这三者既有联系，又有区别，它们在 AlphaGo 击败李世石的过程中都起到了作用。实际上，近些年，这三者充斥着现实世界，机器人、无人驾驶汽车、无人机等，无不是这些知识的应用。可以说，它们已经实实在在地走入了我们的生活。

人工智能为机器赋予人的智能，过去几年，尤其是 2015 年以来，由于 GPU 的广泛应用，使得并行计算变得更快、更便宜、更有效，再加上存储能力的不断提升和大数据时代的到来，人工智能开始迎来大爆发。作为新时代的大学生或科技工作者，人工智能、深度学习等已经成为必不可少的技能。本书可以对大家学习这些内容助一臂之力。

本书首先对人工智能和深度学习的历史发展做了简单介绍，然后介绍一些必需的数学概念，接着为大家提供了机器学习的基础知识，随后详细介绍几种神经网络模型以及不同的神经网络体系结构。从结构上来说，是非常合理的。从全局到细微，由表及里，引导大家逐步深入了解所介绍的内容。无论是初学者，还是有一定经验的用户，都可以从中受益良多。另外，对于超出本书介绍范围的内容，作者还推荐了一些参考著作，使有兴趣和有能力的读者可以进一步拓展知识范围，从而对相关内容有更全面、更深入的了解。

本书语言通俗易懂，把各种术语和概念解释得透彻明了，在适当的地方还配以图表，让读者有更直观的认识。另外，对于示例代码，作者给出了较详细的解释说明，读者可以清楚地了解每一行代码所实现的功能以及其中的逻辑结构，为以后自己编写代码打下坚实基础。

清华大学出版社的编辑及其他相关人员为本书简体中文版本的顺利出版做了大量的工作。他们的严谨的工作作风让人钦佩，正是他们的辛勤工作，使译文在语言和技术上都得到了进一步的完善，利于广大中文读者更好地学习。

在本书的翻译过程中，译者本着信、达、雅的原则，力求能够忠实于原文，准确表达出作者的原意，同时表述清晰，让读者能够轻松理解对应的内容。当然，由于译者本身的水平有限，书中难免会存在一些不恰当的地方，欢迎广大读者不吝指正，在此先行表示感谢。本书的全部章节由杨小冬翻译。

最后，要对我的家人表示深深的谢意，没有你们的理解和支持，就没有本书翻译工作的顺利完成。

译　者

前　言

本教科书并未包含新的科研成果，我所做的工作仅仅是整理、编辑已有的知识，然后通过一些示例和我自己的认识对其进行解释说明。我将努力通过广泛的引用、例证来涵盖所有相关内容，同时流畅地为大家讲解。但是，现在的世界充满了"电子设备和开关"，想要罗列并准确汇总所有观点或理念是非常困难的，因为网上存在大量的优秀资料(社交媒体的发展壮大让网络世界变得异常活跃)。我会努力在第2版中更正所有错误和疏忽之处，也欢迎大家不吝指正并提出宝贵意见或建议。

在本书中，我给出了一些历史背景注释，指出给定观点首次披露的时间。之所以这样做，不仅是为了佐证相应观点的真实性，也是为了让读者有一个明确的时间线。但需要注意的是，这个时间线可能会产生一定的误导，因为某个观点或技术首次被提出或发明的时间并不一定就是其作为一项机器学习技术被采用的时间。这种情况比较常见，当然，也并不全是这种情况。

本书是对深度学习的初级介绍。深度学习是采用深度人工神经网络进行的一种特殊的学习类型，不过，现在深度学习和人工神经网络被认为是同一个专题领域。人工神经网络是机器学习的一个子领域，而机器学习又是统计学和人工智能(AI)的一个子领域。相比于统计学，人工神经网络在人工智能领域要更为流行。现在，深度学习已经不满足于仅仅解决一个子领域下的又一个子领域内的问题，而是尝试解决整个人工智能领域的问题。现在，深度学习已成功进入越来越多的人工智能领域，如推理和计划，而这两者曾经是逻辑人工智能(也称为"有效的老式人工智能"，简称 GOFAI)的重要研究领域。从这种意义上讲，我们可以说深度学习是人工智能领域的一种方法，而不只是人工智能的一个子领域下的一个子领域。

有一种来自剑道[1]的古老观点，非常适合探索全新的先进技术。这种观点就是，学习武术分为四个阶段：大、强、快、轻。"大"阶段指的是所有动作都必须很大并且正确。在这一阶段，人们需要确保技术、方法准确无误，使肌肉逐渐适应新的动作。在做大动作的过程中，人们在不知不觉中开始变得强壮。"强"是下一个

---

1 日本的一种类似于剑术的武术形式。

阶段，在这一阶段，人们需要完成高强度的运动。我们已经学会了如何正确完成动作，现在需要增加力量，提高强度，从而本能地变得越来越快。在学习"快"的过程中，我们开始"投机取巧"，采用一定的"简约"方法。这种简约就促成了"轻"，也就是"刚刚好"。在这一阶段，习练者已经成为大师，不仅所有动作都准确无误，而且动作从强转为快，再转回强。重要的是，做动作时似乎并不费太大的力气，给人一种举重若轻的感觉。这就是掌握某种武术的方法，并且可以推广到其他技术。从隐喻的意义上来说，深度学习也可以被认为是一种技术，因为它在一定程度上也包含持续的改进。本书并不是包罗万象的综合性参考资料，而只是作为教科书来介绍深度学习的"大"阶段。如果想要详细了解"强"阶段，建议大家阅读参考文献[1]，对于"快"阶段，建议大家阅读参考文献[2]，而对于"轻"阶段，则建议大家阅读参考文献[3]。这些都是深度学习中非常重要的文献，有能力的研究人士应该认真阅读所有这些参考资料。

此后，"习练者"成为"大师"(成为大师并不是最终目的，而是真正的开始)，他应该准备好撰写研究论文，相关内容可在 arxiv.com 上的"Learning"下找到。绝大多数深度学习研究人员都在 arxiv.com 上非常活跃，并且会定期发布他们的研究成果预印本。根据你的专业研究方向，还可以查看"Computation and Language""Sound"和"Computer Vision"等类别。你可以将感兴趣的类别设为所用 Web 浏览器的主页，然后每天进行检查，这是一种非常好的做法。令人感到意外的是，arxiv.com 上的"Neural and Evolutionary Computation"并不是查找深度学习论文的最佳位置，因为这是一个相当新的类别，一些深度学习研究人员不会将其作品标记在这一类别下面，不过，随着这一类别发展得越来越成熟，其重要性可能也会变得越来越高。

本书中的代码都是使用 Python 3 编写的，绝大多数使用 Keras 库的代码都是参考文献[2]中的代码的修改版本。他们的书[1]中提供了大量的代码，并附带了一些相关的解释说明，而我们提供的代码数量相对要少一些，而且进行了重新编写，使其更加直观，并添加了丰富的注释。我们提供的代码全都经过广泛、严格的测试，希望这些代码都能正常运行。但是，由于本书只是初级的介绍，我们不能认为读者对深度架构编码非常熟悉，因此，会帮助读者解决本书中所有代码可能包含的问题。如果想要获取错误修复和更新的代码的完整列表，以及用于提交新错误的详细联系信息，可以访问本书的代码库 github.com/skansi/dl_book，而在提交新的错误修复请求之前，请一定要先检查该列表和代码的更新版本。

---

1 这是唯一一本我拥有两份副本的图书，我的计算机上有一份电子书，另外还有一份打印版，这样可以帮助我更好地使用。

作为一门学科,人工智能可被看成一种"哲学工程"。我之所以这么说,是因为人工智能就是提取哲学观点并生成实现它们的算法的过程。术语"哲学"被广泛认为是包含众多科学的一个术语,其中包含最近[1]成为独立科学的一些科学(心理学、认知科学和结构主义语言学)以及有望成为独立科学的一些科学(逻辑学和本体论[2])。

为什么要热衷于复制这种广义上的哲学呢? 如果你考虑人工智能中的哪些主题比较有趣或有意义,就会发现,在最基本的层面上,人工智能会复制很多哲学概念来完成一系列操作,例如构建可以思考的机器、了解业务、明确意义、理性操作、处理不确定性问题、协作实现目标、处理和讨论相关对象等。很少会看到使用非哲学术语的人工智能智能体的定义,例如"可以路由互联网流量的机器""可以预测机械手臂最优载荷的程序""用于识别计算机恶意软件的程序""用于生成某个命题的形式化证明的应用程序""可以在国际象棋对弈中获胜的机器"以及"可以从扫描页面中识别字母的子例程"。奇怪的是,所有这些都是过去实际的人工智能应用,此类机器总是会登上新闻头条。

然而,问题在于,当我们将其应用到工作以后,它不再被认为是"智能的",而仅仅是精细的计算。人工智能的发展历史上充满了这种示例。[3]特定问题的系统化解决方案需要给定问题的完整形式化规约,给出完整的规约后,对其应用某种已知的工具,[4]此时,不再将其认为是一种神秘的类人机器,而开始将其认为是"单纯的计算"。哲学用于处理一些难以处理的概念,以定义诸如知识、内涵、参考、推理等内容,并且所有这些内容都被认为是智能行为必不可少的。这就是为什么在广义上来说,人工智能属于哲学概念工程处理的范畴。

但是,不要低估工程处理部分。哲学倾向于重新检验观点,工程处理则是渐进式的,某个问题得到解决后,即认为其已完成。人工智能具有重新访问旧任务和旧问题的倾向(这使其与哲学非常类似),但它也需要可测量的进展,在这种意

1　哲学是一门非常古老的学科,至少可以追溯到2300年以前,这里所说的"最近"指的是"过去100年内"。

2　至少在20世纪60年代Willard Van Orman Quine的演讲之后,大多数逻辑学家开始将逻辑学视为一门独立的科学(独立于哲学和数学),但是,将本体论视为一个独立学科的时间相对要晚一些,根据我的考证,这项意义重大并且前途光明的提议是由布法罗大学哲学系的Barry Smith教授提出的。

3　约翰·麦卡锡(John McCarthy)对这一现象感到兴奋不已,称其为人工智能历史上"令人兴奋"的时期,然而,相同的主题却反复出现。

4　由于新工具作为解决现有问题的工具呈现,因此使用新发明的工具解决新问题并不是很常见。

义上来说，新技术需要带来某些新的成果(这就是其具备工程处理特性的一面)。这种追求新奇的特性可以带来比问题上次的结果更好的结果[1]、新问题的公式表示[2]或位于基准以下但可以推广到其他问题的结果。

工程处理是渐进式的，完成某项工作后，会利用它并在其基础上进行构建。这意味着，我们不需要再次实现所有内容，无谓地重复是没有意义的。但是，了解轮子发明背后的理念并尝试自己制作轮子却有很大的价值。从这个意义上来说，你应该尝试重新创建我们将要探索的代码，看看它们的工作方式，还可以尝试使用纯 Python 语言来重新实现已经完成的 Keras 层。如果你这样做了，那么求解的过程很可能会变得比较慢，却可以获得一些宝贵的见解。当你感觉自己有了足够的了解之后，应该使用 Keras 或其他任何框架来构建更为复杂精美的对象。

在当今世界，团队协作非常重要，每一项工作都会拆分为多个不同的部分。比如，对于本书的编写工作，我负责的部分就是让读者对深度学习有一个初步的了解。如果读者能够很好地消化吸收这些内容，把它变成自己的知识，成为一个活跃的深度学习研究人员并且不再需要参考本书，那么我会感到非常自豪。对我来说，这就意味着读者已经学会了本书中介绍的所有内容，而我负责的让读者初步了解[3]深度学习的工作部分顺利完成。在哲学中，这种观点被称为"维特根斯坦的梯子"(Wittgenstein's ladder)，它是一种非常重要的实践观念，我们认为它可以帮助你实现个人探索——利用平衡。

此外，我还在本书中放置了一些复活节彩蛋，主要是以示例中不常见的名称的形式。我希望它们能够使示例更加生动形象，便于读者阅读。为了让大家明确了解，第 3 章中狗的名字叫 Gabi，在本书发布时，它 4 岁。本书采用复数形式编写，遵循旧的学术习俗，即使用适度复数，也就是使用"我们"来做观点的主语，因此，在此序言之后，我将不再使用单数人称代词，一直持续到本书的结尾部分。

我想对参与本书编写，为其成书出版做出贡献的所有人表示衷心的感谢。特别地，我要感谢 Siniša Urošev，他对本书中的数学概念提供了很多有价值的批注和修改建议；此外，还要感谢 Antonio Šajatović，他对基于记忆的模型提供了很多重要的建议。在本书的编写过程中，我的妻子 Ivana 给了我巨大的支持，在此，

---

1 这被称为给定问题的基准，解决问题时需要超过这一基准。

2 通常采用从哲学问题的受控版本或问题集构造的新数据集的形式。在后续章节中，我们会使用bAbI数据集，届时将提供一个这方面的示例。

3 或许说"启动"更好一些，具体取决于你对深度学习的喜爱程度。

我要向她表示深深的谢意。本书中的任何疏忽或错误都由我一个人负责，欢迎广大读者批评指正并提出宝贵的意见。

请扫描封底二维码获取本书的参考文献。

Sandro Skansi作于克罗地亚萨格勒布

目 录

第1章

从逻辑学到认知科学

1.1 人工神经网络的起源

　　人工智能最早源自戈特弗里德·莱布尼茨(Gottfried Leibniz，17 世纪伟大的哲学家和数学家)的两个哲学观念：通用表意文字和推理演算。通用表意文字是一种理想化语言，从理论上说，所有科学都可以翻译为这种语言。每种自然语言都可以翻译为这种语言，严格来说，它应该是一种由语言专业人员整理的纯表意语言。这种语言可以作为一种后台语言来解释理性思考，所采用的方式非常精确，可以制作一种机器来复制这种行为。推理演算就是这种机器的一个名称。在哲学历史学家中存在一个争论，那就是推理演算究竟指的是生成软件还是生成硬件。不过，这实际上是一个缺乏现实性的问题，为了解二者之间的区别，我们必须了解针对不同任务接收不同指令的通用机器的概念。这种通用机器的概念是由艾伦·图灵(Alan Turing)于 1936 年提出的(见参考文献[1]，后面还会介绍图灵)，但在 20 世纪 70 年代后期个人计算机出现以后，这种概念才在科学界广泛被认可和接受。通用表意文字和推理演算观念是莱布尼茨的核心观念，在他的著作中广泛体现，因此，很难推荐一个地方来参考所有这些内容，推荐读者阅读参考文献[2]，从这里开始探索应该会有很好的收获。

　　深度学习发展之旅继续向前推进，到了 19 世纪，出现了两部关于逻辑学的经典著作。它们往往会被忽略，因为它们与神经网络的关系并不十分明确，然而，它们却产生了深远影响，在这里值得予以介绍。第一部就是约翰·斯图尔特·密尔(John Stuart Mill)于 1843 年出版的 *System of Logic*(见参考文献[3])。在这本书中，作者首次从心理过程表现形式的角度来对逻辑学进行深入探索。这种方法称为逻辑心理主义，目前仅在哲学逻辑[1]领域进行相关研究，不过，即使在哲学逻辑领域，它也被认为是一种边缘理论。密尔的著作从来没有成为重要的研究文献，他的伦理学著作所产生的影响要超过其对逻辑心理学的贡献。不过，幸运的是，还有第二部著作，这部著作产生了重要的影响。它就是乔治·布尔(George Boole)于1854年发表的 *Laws of Thought*(见参考文献[4])。在这部著作中，布尔系统地对逻辑学进行了介绍，他将逻辑学表述为一个形式规则体系，这也成为了将逻辑学改造为一门形式科学的重要里程碑。此后不久，形式逻辑学逐渐发展起来，现在，它被认为是哲学和数学的原生分支，在计算机科学领域有着广泛的应用。这些"逻辑学"的区别并不在于技术和方法，而在于应用。逻辑学的核心成果(例如德·摩根定律或一阶逻辑的演绎规则)在所有科学中都是保持不变的。但是，探索形式逻辑超出了我们的介绍范围，它会使我们偏离方向。在这里，重要的是，在20世纪前半阶段，逻辑学仍被认为是与思维规律相关联的科学。由于思维是智能的缩影，因此，人工智能自然而然地从逻辑学开始。

艾伦·图灵被称为计算机科学之父，他在1950年发表的开创性论文(见参考文献[5])标志着人工智能的初步诞生，文中介绍了图灵测试，用于确定计算机是否可以被认为具有智能。图灵测试指的是采用由人(充当裁判的角色)控制的自然语言进行的测试。作为裁判的人与接受测试的人和计算机交流5分钟，如果裁判无法将二者分离开来，则表示计算机通过图灵测试，可以被认为具有智能。尽管后来进行过多次修改，也存在不少批评的声音，但到目前为止，图灵测试仍然是人工智能领域应用最广泛的基准测试之一。

标志着人工智能诞生的第二个事件是人工智能达特茅斯夏季研究项目。项目参与者包括约翰·麦卡锡(John McCarthy)、马文·闵斯基(Marvin Minsky)、朱利安·毕格罗(Julian Bigelow)、唐纳德·麦凯(Donald MacKay)、雷·索洛莫诺夫(Ray Solomonoff)、约翰·霍兰德(John Holland)、克劳德·香农(Claude Shannon)、纳撒尼尔·罗切斯特(Nathanial Rochester)、奥利佛·塞尔弗里奇(Oliver Selfridge)、艾伦·纽厄尔(Allen Newell)和赫伯特·西蒙(Herbert Simon)。援引会议的提议，这次会议要继续奠定以下推断的基础，即从理论上说，学习的每个方面或智能的任何其他特征都可以精确描述，从而可以制造一台机器来对其进行模拟。这一预设命题在接下来的几年中塑造了一个实质性的标志，主流人工智能成为逻辑人工

---

1 现在，这一研究领域有一个很新鲜而又不寻常的名字，那就是"荒野中的逻辑"(logic in the wild)。

智能。这种逻辑人工智能在很多年里没有受到任何质疑，最后只是在 21 世纪千禧年被一种新的传统惯例所推翻，这就是如今我们所熟知的深度学习。这一传统惯例实际上已经存在了很长时间，在 1943 年初即已建立，出自一位另类的逻辑学家以及一位哲学家兼精神科医生共同撰写的论文。不过，在继续介绍之前，先退一小步。逻辑规则和思维之间的相互联系被认为是有指向性的。一般认为逻辑规则以思维为基础。人工智能提出的问题是，我们是否可以通过逻辑规则在机器中模仿思维过程。不过，还有另外一个方向，它属于哲学逻辑的特征：我们是否可以通过逻辑规则将思维模型化为人类心理过程？这就是神经网络发展历史的开端，其标志是沃尔特·皮茨(Walter Pitts)和沃伦·麦克洛克(Warren McCulloch)共同撰写的开创性论文 "A Logical Calculus of Ideas Immanent in Nervous Activity"。该论文发表在《数学生物物理学通报》上。如果想要查看该论文，可以访问 http://www.cs.cmu.edu/~epxing/Class/10715/reading/ McCulloch. and.Pitts.pdf，建议学生们试着读一读这篇论文，了解一下深度学习的开端。

　　沃伦·麦克洛克是一位哲学家、心理学家和精神科医生，但他在神经生理学和控制论方面做了大量的研究工作。他具有鲜明的个性，他是一个严谨好学的人，研究领域涉及多个学科。他在 1942 年遇到无家可归的沃尔特·皮茨，当时，他在芝加哥大学精神病学系找到一份工作，就邀请皮茨与他的家人一起居住。他们终生致力于研究莱布尼茨的理论，希望将他的观念变为现实，创建一台可以实现逻辑推理的机器。[1]他们两人潜心研究理论，即在生物神经元的启发下通过逻辑运算来捕获推理。这意味着需要构造一个形式神经元，使其具备与图灵机类似的功能。他们在创作论文时只有三本文献可供参考，而这三本文献都是逻辑学的经典著作：卡尔纳普(Carnap)的 *Logical Syntax of Language*(见参考文献[6])、罗素(Russell)与怀特黑德(Whitehead)合著的 *Principa Mathematica*(见参考文献[7])以及希尔伯特(Hilbert)与阿克曼(Ackermann)合著的 *Grundüge der Theoretischen Logik*。论文本身将神经网络问题作为逻辑问题来处理，从定义、引理到定理进行了全面阐述。

　　他们的论文引入了人工神经网络的概念，以及我们现在认为理所当然的一些定义。其中一个就是，逻辑谓词可以在神经网络上实现意味着什么。他们将神经元划分为两组，一组称为外周传入(现在称之为"输入神经元")；另外一组实际上就是输出神经元，因为当时隐藏层还没有出现，隐藏层在 20 世纪 70 年代和 80年代才出现。神经元可以处于放电和非放电两种状态，他们为每个神经元 i 定义一个谓词，当该神经元在时间 t 放电时为真(True)。该谓词表示为 $N_i(t)$。然后，一

---

1 这是在人工智能被定义为一个科学领域的前 15 年。

个网络的解是 $N_i(t) \equiv B$ 形式的等值表示，其中 B 是外周传入的上一时间的放电的联合，i 不是输入神经元。对于这样的句子，当且仅当神经网络可以计算它时，它在该网络中才是可以实现的，而存在可以对其进行计算的网络的所有句子称为时序命题表达式(TPE)。请注意，TPE 具有逻辑刻画。论文的主要成果(除了定义人工神经网络以外)在于，任何TPE 都可以通过人工神经网络进行计算。后来，约翰·冯·诺依曼(John von Neumann)在他自己的著作中引用了这篇论文的内容，并产生了重大的影响。这里仅仅是对这篇振奋人心的历史性论文的一个不完整的简短介绍。下面再来了解一下第二位主角的故事。

沃尔特·皮茨(Walter Pitts)是一个非常有趣的人，坚持自己的主张并且善于辩论，被称为人工神经网络之父。在他 12 岁那年，他离开家并藏身于一家图书馆，在那里，他阅读了著名逻辑学家伯特兰·罗素(Bertrand Russell)的 *Principia Mathematica*(数学原理)(见参考文献[7])。皮茨与罗素取得了联系，并被罗素邀请到英国剑桥大学，在其指导下进行学习研究。几年后，他发现罗素正在芝加哥大学发表演讲。他与罗素进行了私人会面，罗素让他去见一见自己来自维也纳的老朋友——当时在维也纳担任教授的逻辑学家鲁道夫·卡尔纳普(Rudolph Carnap)。卡尔纳普将他的开创性著作 *Logical Syntax of Language*[1](见参考文献[6])赠送给皮茨。这本书在接下来的数年对皮茨产生了非常大的影响。在与卡尔纳普的初次联系之后，皮茨消失了一年的时间，卡尔纳普根本找不到他，但在找到他之后，卡尔纳普利用自己在学术界的影响力为皮茨找到一份大学的工作。

经罗素介绍，皮茨还认识了杰罗姆·莱特文(Jerome Lettvin)。莱特文当时只是一名医学预科生，而后来成为了一位神经学家和精神科医生，此外，他还会撰写一些哲学和政治学方面的论文。皮茨和莱特文成为了非常亲密的朋友，最终于1959 年共同[还有麦克洛克(McCulloch)和马图拉纳(Maturana)]撰写了极具影响力的论文 "What the Frog's Eye Tells the Frog's Brain" (见参考文献[8])。莱特文还为皮茨引荐了来自麻省理工学院的数学家诺伯特·维纳(Norbert Weiner)。维纳后来成为了著名的控制论之父。通俗地说，这个领域就是"控制的科学"，专门研究生物学和人工系统中的系统控制。维纳邀请皮茨到麻省理工学院工作(担任形式逻辑方面的讲师)，两人在一起共事了 10 年。当时，神经网络被认为属于控制论的范畴，皮茨和麦克洛克在这一领域做了大量的研究工作，他们都参加了"梅西会议"

---

1 作者对这本书有着美好的回忆，但需要小心谨慎，其中包含很多令人激动的内容。这本书非常晦涩难懂，因为它采用了比较古老的表示法，其体系结构与现在的逻辑学大相径庭，但是，如果你能努力读完前20页，就会发现这真的是一本值得细细品味的好书。

(Macy Conference)，而麦克洛克于 1967—1968 年担任美国控制论学会(American Society for Cybernetics)的主席。在芝加哥生活期间，皮茨还遇到了理论物理学家尼古拉斯·拉舍夫斯基(Nicolas Rashevsky)，后者是数学生物物理学的先驱，这一学科领域的研究范畴是试图通过结合运用逻辑学和物理学来解释生物过程。物理学似乎与神经网络的关系比较远，但实际上并非如此，我们很快就会讨论物理学家在深度学习发展历史中所扮演的重要角色。

皮茨始终与大学保持着联系，但从事的只是一些不太重要的工作，主要原因是他没有正式的学历证书。1944 年，皮茨加入 Kellex Corporation(得益于维纳的帮助)。该公司参与了曼哈顿项目。皮茨非常厌恶专横独裁的 General Groves(曼哈顿项目的负责人)，经常搞一些恶作剧来嘲讽他制定的各种严格有时又毫无意义的规则。作为对皮茨 1943 年撰写的论文的认可，芝加哥大学给他授予了副学士学位(2 年制学位)，这是他获得的唯一一个学位证书。他一直不太喜欢常规的学术程序，这也造成他在正规教育方面的一个主要问题。举个例子，皮茨曾经参加威尔弗里德·拉尔(Wilfrid Rall)教授(计算神经科学的先驱)讲授的课程，据拉尔的回忆，皮茨是"一个很古怪的人，他总是不由自主地去批评考题，而不是答题"。

在 1952 年，诺伯特·维纳断绝了与麦克洛克的一切关系，这对皮茨产生了很大的影响，他对此感到极为悲伤。维纳和妻子对麦克洛克提出指控，说他的实习生(皮茨和莱特文)引诱了他们的女儿芭芭拉·维纳(Barbara Weiner)。皮茨开始酗酒，而且到了非常严重的程度，1969 年因肝硬化并发症不幸离世，年仅 46 岁。麦克洛克也在同一年去世，享年 70 岁。时至今日，我们前面提到的皮茨的两篇论文仍在各个科学学科中被广泛引用。这里需要注意的是，尽管皮茨与绝大多数人工智能先驱者都有着直接或间接的联系，但他自己从未想过他的著作会被应用于构建头脑思维方式的机器副本，而只是寻求形式化和更好地了解人类思维(见参考文献[9])，这也毫无争议地使他被划分到现在所谓的哲学逻辑领域。[1]

沃尔特·皮茨的故事体现了不同观念以及背景的科学家之间的合作所产生的影响，在这个过程中，神经网络充分代表了这种交互作用。本书的主要目标之一是将神经网络和深度学习(重新)引入曾经对这一领域的诞生和形成做出贡献但现在却避而远之的所有学科。[2]我们介绍的关于沃尔特·皮茨的故事主要来自阿曼

---

1 这里还有一点需要特别指出，那就是罗素和卡尔纳普对皮茨产生的重大影响。现在的很多逻辑学家并不了解皮茨，这是一件非常可悲的事情，我们希望通过本书的介绍，能够让大家了解这位了不起的人物，让他获得应有的地位和尊重。

2 还包括其他任何可能对研究或使用深度神经网络感兴趣的学科。

达・盖芙特(Amanda Gefter)在 *Nautilus* 上发表的一篇非常棒的文章，名为 "The man who tried to redeem the world with logic" (见参考文献[10])，以及 Neil R. Smalheiser 的论文 "Walter Pitts" (见参考文献[9])，强烈建议大家读一读这两篇文章。

1.2　异或(XOR)问题

在 20 世纪 50 年代，举办了达特茅斯会议，从会议清单上可以清楚地看到，新诞生的神经网络中的人工智能领域成为重要的议题。马文・闵斯基是人工智能的先驱者之一，也参加了达特茅斯会议，他于 1954 年在普林斯顿大学以 "Neural Nets and the Brain Model Problem" 为题完成了他的博士论文。闵斯基的论文解决了一些技术性的问题，成为公开发表的第一篇收集整理了所有关于神经网络的最新研究成果和定理的论文。1951 年，闵斯基制造了一台可以实现神经网络的机器(由空军科学研究局资助)，命名为 SNARC(Stochastic Neural Analog Reinforcement Calculator, 随机神经模拟强化计算器)，这是第一次使用计算机实现神经网络。需要指出的是，马文・闵斯基曾经以顾问的身份参与了亚瑟・查理斯・克拉克 (Arthur C. Clarke)和斯坦利・库布里克(Stanley Kubrick)的电影《2001：太空漫游》的拍摄。此外，艾萨克・阿西莫夫(Isaac Asimov)曾经说过，马文・闵斯基是他见过的所有人中仅有的两个智商超过他自己的人之一[另一个是卡尔・萨根(Carl Sagan)]。后面很快会对闵斯基进行介绍，不过，接下来首先要为大家介绍深度学习领域的另一个杰出人物。

弗兰克・罗森布莱特(Frank Rosenblatt)于 1956 年在康奈尔大学获得心理学博士学位。罗森布莱特对神经网络做出了一项重大的贡献，那就是发现了感知器学习法则，这种法则控制如何更新神经网络的权重，相关内容将在后面的章节中详细介绍。他最初开发的感知器是 1957 年在康奈尔航空实验室的一台 IBM 704 计算机上编写的一个程序。后来，罗森布莱特成功研制出了代号为 MarkI 的感知器，这是一台专为通过感知器法则实现神经网络而建造的计算机。实际上，罗森布莱特的贡献并不仅仅是实现了感知器。他在 1962 年出版的著作 *Principles of Neurodynamics*(见参考文献[11])中探索了很多结构，他的论文(见参考文献[12])探索了类似于现代的卷积网络的多层网络的概念，他将这一网络称为 C 系统(C-system)，这在理论层面上标志着深度学习的诞生。罗森布莱特于 1971 年因海难去世，年仅 43 岁。

20 世纪 60 年代的研究工作存在两个主要的趋势。第一个是使用演绎逻辑系统处理符号推理的程序所得到的结果。其中最著名的两个是赫伯特・西蒙、克

里夫·肖和艾伦·纽厄尔开发的程序 Logic Theorist，以及他们后来开发的程序
General Problem Solver(见参考文献[13])。这两个程序都生成了可以正常工作的结
果，这是神经网络无法做到的。符号系统也非常引人注意，因为它们可以提供控
制，并且可以轻松地实现扩展。实际上，问题并不在于神经网络不能给出任何结
果，而在于它们给出的结果(例如图像分类)在当时并没有真正被认为具备智能，
当然，这是与符号系统比较而言的，符号系统可以证明定理和下棋，这些都是人
类智能的标志和特征。汉斯·莫拉维克(Hans Moravec)在 20 世纪 80 年代对这种
智力层次结构的概念进行了探索(见参考文献[14])，他得出的结论是，象征性思维
被认为是人类智力中一个罕见又合意的方面，但是它似乎更适合计算机，而对于
大部分人都可以轻松做出的“低级”智能行为，例如识别出照片中的某个动物是
狗以及拾起物体，计算机要想再现或复制却非常困难。[1]

　　第二个趋势是冷战的爆发。从 1954 年开始，美国军方希望开发一种程序，能
够自动翻译俄语文件和学术论文。尽管投入了大量资金，但许多更偏重于技术的
研究人员显然低估了从字词中提取意思所涉及的语言复杂性。其中一个比较重要
的例子就是，在将短句“the spirit was willing but the flesh was weak”从英语翻译
成俄语再翻译回英语时，生成的句子是“the vodka was good, but the meat was
rotten”。在 1964 年，对机器翻译出现了一些争议，认为这是在没有前途的工作上
浪费政府经费，因此美国国家研究委员会(National Research Council)成立了语言自
动处理咨询委员会(Automatic Language Processing Advisory Committee，ALPAC(见
参考文献[13])。ALPAC 报告，从 1966 年开始削减对所有机器翻译项目的资助，
停止了资助，这一领域的研究也就停滞不前了。而这也在整个人工智能领域造成
了混乱。

　　这还不是最致命的，几乎扼杀神经网络研究的最后一击出现在 1969 年，来自
马文·闵斯基和西蒙·派珀特(Seymour Papert)(见参考文献[15])以及他们的不朽著作
Perceptrons: An Introduction to Computational Geometry(感知器：计算几何导论)。
当时，麦克洛克和皮茨已经证明，可以通过神经网络计算很多逻辑函数。结果，
正如闵斯基和派珀特在其著作中所说的，他们漏掉了一个简单的函数关系，那就
是等值关系。计算机科学和人工智能领域趋向于将这个问题看成异或函数，即

---

1 即使是现在，人们仍然认为下棋或证明定理是比闲聊等活动更高级的智力形式，因为它
们体现了此类智力形式的稀有性。某一智力方面的稀有性并不与其计算属性直接相关，因为从
计算的角度容易描述的问题解决起来也更容易，而与人类(就此而言，机器也是一样)的认知稀有
性无关。

等值关系的否定，但实际上这无关紧要，因为唯一不同的是如何贴标签。

结果显示，尽管感知器处理的是数据的特殊表示形式，但它们只不过是线性分类器。感知器的学习过程非常引人注意，因为它确定是收敛(定界)的，但它并没有为神经网络增加捕获非线性正则性的功能。异或是一种非线性问题，但这在起初并不明确。[1]为了看到问题，需要设想[2]一个简单的二维坐标系，两个轴上只包含 0 和 1。0 和 0 的异或运算结果是 0，在(0,0)坐标位置写上一个 O。0 和 1 的异或运算结果是 1，现在在(0,1)坐标位置写上一个 X。继续对另外两种组合进行异或运算，XOR(1,0) = 1，XOR(1,1) = 0。这样就可以得到两个 X 和两个 O。现在，想象你就是神经网络，需要找出一种方法，通过绘制一条曲线将 X 与 O 分开。如果你懂得绘图，那么这很简单。但你并不是一个现代化神经网络，而只是一个感知器，并且必须使用直线，而不是曲线。我们很快就会发现，这显然是不可能的。[3]感知器的问题在于线性。多层感知器的概念已经出现，但无法运用感知器学习法则构造一台这样的设备。因此，从表面上看，没有神经网络可以处理(学习计算)哪怕是基本的逻辑运算，而这对于符号系统却是轻而易举的事情。神经网络遇到了一个灰暗的时期，这一时期持续了很多年。

1.3 从认知科学到深度学习

如前所述，神经网络研究遇到了长时间的灰暗期，只有少数的坚定支持者仍然对它抱有希望。然而，随后一系列的事件使它又荣耀回归。在神经网络领域，20 世纪 70 年代在很大程度上可以说是非常平静的。不过，两种趋势的出现促成了这一领域在 20 世纪 80 年代的复苏。其中一种趋势是在心理学和哲学领域出现了认知主义。认知主义引入主流学术界的最基本的观念就是，思维(mind)作为由许多相互关联的部分构成的复杂系统，应该独立进行探索研究(独立于大脑)，但需要使用形式化方法。[4]确定认知的神经现实不应被忽略，构建和分析试图重新创建神经现实的各个部分的系统可能会非常有帮助，与此同时，它们应该能够重新

---

1 感知器可以处理图像(至少是初级的)，从直观感觉上来说，这似乎比简单的逻辑运算要难得多，而这进一步加剧了这种不明确性。

2 拿起笔和纸进行绘制。

3 如果你想要尝试等值运算，而不是异或运算，过程是一样的，只不过运算结果有所不同，即EQUIV(0, 0) = 1，EQUIV(0, 1) = 0，EQUIV(1, 0) = 0，EQUIV(1, 1) = 1，运算结果为0时写O，为1时写X。你会发现，对于我们的问题来说，结果看起来与异或运算基本上是一样的。

4 如果想要更好地了解认知革命，可以阅读参考文献[17]。

创建某些行为。这是对斯金纳(Skinner)在 20 世纪 50 年代提出的心理学行为主义(见参考文献[18])[旨在将思维的科学研究作为一种黑盒处理器(其他所有内容都是纯粹靠推断[1])]以及一项严谨的哲学知识正规学习所强烈表达的思维与大脑二元论的回应[在很大程度上是对盖蒂尔(Gettier)的回应(见参考文献[19])]。

在当时，整个科学界都接受和认可的主要概念之一是托马斯·库恩(Thomas Kuhn)于 1962 年提出的范式转移(Paradigm Shift)概念(见参考文献[20])。毫无疑问，这对认知科学的诞生起到了很大的推动作用。通过了解范式转移的概念，摒弃最新的方法而选择发展尚不完善的旧概念，然后对这一概念进行深入研究，从而将其提高到一个全新的水平，这种做法似乎是合情合理的。在很多方面，认知学派提出的转移与旧的行为、因果关系解释恰好相反，它是从研究不可变结构向研究可变更的转移。所谓的认知科学中第一个真正的认知转向可能要算乔姆斯基(Chomsky)的普遍语法(Universal Grammar) [21]及其早期对斯金纳的巧妙攻击(见参考文献[22])在语言学中产生的转向。这种范式转移发生在 6 个学科(认知科学)之间，它们构成了认知科学的基础学科，这 6 个学科是人类学、计算机科学、语言学、神经科学、哲学和心理学。

后来，一篇政府报告导致了又一次的资助削减。这篇报告就是詹姆斯·莱特希尔(James Lighthill)的论文 "Artificial Intelligence: A General Survey" (见参考文献[24])。该报告于 1973 年提交到英国科学研究理事会(British Science Research Council)，这就是广为人知的莱特希尔报告。在莱特希尔报告出炉之后，英国政府关闭了英国境内绝大部分的人工智能科系，只保留了其中三个，这迫使很多科学家不得不放弃他们的研究项目。在这三个幸存的人工智能科系中，其中一个就是爱丁堡大学的人工智能系。莱特希尔报告促使爱丁堡大学的一位教授发表了一份声明，在该声明中，历史上首次提到了认知科学，并对其研究范畴进行了粗略的定义。这位教授就是英国皇家学会的会员克里斯托弗·朗格特·希金斯(Christopher Longuet-Higgins)。他是一位受过正规教育的化学家，于 1967 年开始从事人工智能研究工作，当时，他供职于爱丁堡大学的理论心理学研究小组。在朗格特·希金斯的回击中，提出了很多重要的问题。他知道，莱特希尔希望人工智能学界给出一个从事人工智能研究的正当理由。逻辑关系非常简单，如果人工智能不能发挥作用，那么为什么还要保留它呢？朗格特·希金斯给出了答案，而这完全是受到了麦克洛克和皮茨的启发和鼓舞：我们之所以需要人工智能，并不

---

1 必须承认，斯金纳坚持只关注行为中客观和可测量的部分，从而将科学严谨带入行为研究，而在之前，这主要是依赖推断的研究领域。

是为了构造机器(当然，如果能够构造出这样的机器更好)，而是为了了解人类。但是，莱特希尔对这一思路也很清楚，他在报告中承认其中的某些方面在科学上是很有前途的，特别是神经网络。他认为，神经网络的研究可以被理解并重新归类为基于计算机的中枢神经系统研究，但需要遵从神经科学的最新研究成果，并且应该按原样构建神经元模型，而不是简化的奇怪变异形式。朗格特·希金斯与莱特希尔的分歧就在于此。他使用了一个有趣的暗喻：就像计算机中的硬件只是整个系统的一部分一样，实际的神经大脑活动也是如此，想要研究计算机执行的操作，需要借助软件，因此，想要了解人执行的操作，则需要研究心理过程，以及它们是如何发生交互作用的。它们的交互作用是认知的基础，所有参与的过程都是感知过程，而人工智能需要以一种精确、正规的方式来解决这种交互作用的问题。这是从人工智能研究中获得的真知：了解、建模和形式化感知过程的交互作用。这就是为什么需要人工智能作为一个研究领域及其所有简化的、有时甚至是不准确的、怪异的模型的原因。这是人工智能所带来的真正的科学成果，而不是最初为获得资助而允诺的技术、军事和经济方面的成果。

在 20 世纪 70 年代，发生了另一件事，只是当时并未引起注意。在当时，人工智能学术界已经知道如何训练单层神经网络，而具备隐藏层可以显著提高神经网络的功能。问题是，没有人知道如何训练包含多个层的神经网络。1975 年，经济学家保罗·沃伯斯(Paul Werbos)(见参考文献[25])发现了反向传播算法(简称 BP 算法)，这是一种通过隐藏(中间)层反向传播误差的方法。他的发现并未引起广泛的关注，后来，大卫·帕克(David Parker)(见参考文献[26])也发现了这一方法，并于 1985 年发表了这一研究成果。杨乐昆(Yann LeCun)在 1985 年也发现了反向传播算法，并将其研究成果发表在参考文献[27]上。反向传播算法最后一次被发现是来自圣地亚哥的鲁姆哈特(Rumelhart)、辛顿(Hinton)和威廉姆斯(Williams) (见参考文献[28])，而这将我们带入了故事的下一部分，20 世纪 80 年代，在阳光灿烂的圣地亚哥，我们进入了深度学习的认知时代。

圣地亚哥学派由多名研究人员组成。杰弗里·辛顿(Geoffrey Hinton)是一位心理学家，他曾经是克里斯托弗·朗格特·希金斯在爱丁堡大学人工智能系所带的博士生，在那里，他被另一个系的教授和学生们看不起，因为他想要研究神经网络，并将它们称为避免问题的最优网络。在毕业以后(1978 年)，他作为加州大学圣地亚哥分校(UCSD)认知科学计划的访问学者来到了圣地亚哥。这里的学术氛围完全不同，神经网络研究受到欢迎和追捧。大卫·鲁姆哈特(David Rumelhart)是UCSD 的领军人物之一。他是一位数学心理学家，也是认知科学的教父之一，此外，他还以联结主义的名义将人工神经网络作为一个主要的研究课题引入认知科学，联接主义具有广泛的哲学诉求，现在仍然是心灵哲学(Philosophy of Mind)的主要理论之一。特伦斯·谢诺夫斯基(Terry Sejnowski)是一位物理学家，后来又担任计算生物学教授，他是当时 UCSD 的另一位杰出人物。他与鲁姆哈特还有辛顿合作撰写了大量具有重大影响的论文。他的博士生导师约翰·霍普菲尔德(John Hopfield)也是一位物理学家，后来对神经网络产生了兴趣，并改进了一种普及的循环神经网络模型，称为霍普菲尔德网络(见参考文献[29])。杰弗里·埃尔曼(Jeffrey Elman)是一位语言学家，UCSD 的认知科学教授，他在若干年后提出了埃尔曼网络，而迈克尔·欧文·乔丹(Michael I. Jordan)是一位心理学家、数学家和认知科学家，他提出了乔丹网络。这两种网络在当今的文献著作中通常被称为简单循环网络，而上述两位也属于圣地亚哥学派。

我们来到 20 世纪 90 年代及之后的发展时期。20 世纪 90 年代早期可以说风平浪静，基本上没有什么重大的事件发生，人工智能领域的一般性支持转向支持向量机(SVM)。这些机器学习算法在数学上具有充足的理论依据，这一点与神经网络完全不同，神经网络来源于一个哲学观点，并且主要是由心理学家和认知科学家发展完善的。对更大的人工智能学界来说，仍然有大量的 GOFAI (有效的老式人工智能)支持者努力追求数学精确性，他们比较乏味、无趣，SVM 似乎可以产生更好的结果。对于 SVM，有一本非常好的参考书，见参考文献[30]。在 20 世纪 90 年代后期，发生了两个重大事件，从而造就了神经网络，甚至直到现在，它们仍是深度学习领域的标志。长短期记忆网络是由霍克赖特(Hochreiter)和施米德胡贝(Schmidhuber)(见参考文献[31])于 1997 年提出的，这仍是应用最广泛的循环神经网络体系结构的一种；而在 1998 年，LeCun、Bottou、Bengio 和 Haffner 提出了第一个卷积神经网络，称为 LeNet-5，通过 MNIST 数据集(见参考文献[32])取得了重大研究成果。卷积神经网络和长短期记忆网络(LSTM)都没有在人工智能学界引起足够关注，但其掀起的一系列事件却宣告了神经网络的再一次回归。最终宣告神经网络真正回归的事件是 2006 年 Hinton、Osindero 和 Teh 发表的论文(见参考文献[33])，其中提出了深度信念网络(DMB)的概念，它通过 MNIST 数据集生成的结果大为改观。在这篇论文之后，深度神经网络向深度学习的转变宣告完成，人工智能历史进入一个崭新的时期。许多新的体系结构随之而来，我们将在本书后面的内容对其中一部分进行介绍，剩下的则留给广大读者自己去探索。我们并不想过多地描绘最近的历史，因为现实的情况是，仍然有很多重大的因素阻碍着科学发展的客观性。为了综合、全面地看待神经网络的发展历史，推荐读者阅读 Jürgen Schmidhuber 撰写的论文(见参考文献[34])。

1.4 总体人工智能景观中的神经网络

我们已经从哲学逻辑的角度探讨了神经网络的诞生，心理学和认知科学在其发展和繁荣过程中所扮演的角色，及其回归主流计算机科学和人工智能的过程。有一个非常有趣的问题，在总体人工智能景观中，人工神经网络处于什么位置？有两个主要的学会提出了人工智能的正式分类，并在其出版物中使用这种分类方法来对研究论文进行分类，这两个学会分别是美国数学学会(American Mathematical Society，AMS)和美国计算机协会(Association for Computing Machinery，ACM)。AMS 主张所谓的数学学科分类 2010 (Mathematics Subject Classification 2010)，它将人工智能划分为以下子领域：概论、学习和适应系统、模式识别和语音识别、定理证明、问题解决、人工智能中的逻辑、知识表示、语言和软件系统、不确定性推理、机器人、智能体技术、机器视觉和场景理解以及自然语言处理。ACM 的人工智能分类法指出，在人工智能的各个子类以外，还应该将这些子类再划分为不同的子类。根据这种分类方法，人工智能的子类包括：自然语言处理、知识表示和推理、计划与排程、搜索方法、控制方法、人工智能的哲学/理论基础、分布式人工智能和计算机视觉。机器学习是与人工智能并列的一个类别，不是隶属于人工智能的一个子类。

通过上面两种分类方法可以得出的结论是，人工智能包含很多领域，每个领域中又可以进一步细分为多个其他领域，各个领域列出如下。

- 知识表示和推理
- 自然语言处理
- 机器学习
- 计划
- 多智能体系统
- 计算机视觉
- 机器人
- 哲学概念

从最简单的角度来说，深度学习是人工神经网络的一个特定类别的名称，而人工神经网络又是机器学习算法中的一个特殊类别，适用于自然语言处理、计算机视觉和机器人领域。这是一种非常简化的观点，我们认为它是错误的，之所以这样认为，并不是因为它说的不对(实际上它说的是对的)，而是因为它漏掉了一个非常重要的方面。回顾一下前面提到过的"有效的老式人工智能"(GOFAI)，考虑一下它究竟是什么。它是人工智能的一个分支学科吗？最佳答案就是将人工

智能的各个分支作为垂直分量，而将 GOFAI 作为水平分量，并且其在知识表示和
推理领域所占的比例要比计算机视觉大得多(参见图 1.1)。

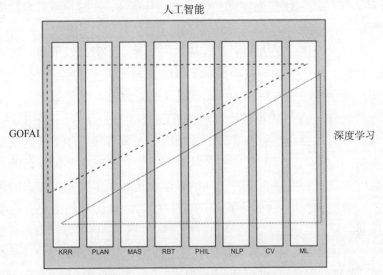

图 1.1　人工智能的垂直分量和水平分量

　　按照我们的想法，深度学习构成了另一个水平分量，它试图统一各个学科，
就像 GOFAI 一样。从某种程度上讲，深度学习和 GOFAI 对于整个人工智能领域
是一种争夺者的关系，它们都想通过各自的方法来解决人工智能领域的所有问题：
它们各自都有自己优势明显的"大本营"[1]，但它们又尽可能地想要涵盖人工智能
的更多领域。在参考文献[35]中将深度学习作为一个具有影响力的独立观念进行
了深入详细的探索，其中深度学习运动被称为"联结主义部落"。

1.5　哲学和认知概念

　　到目前为止，我们已经从历史的角度对神经网络的发展进行了简单的探索，
但有非常重要的两点没有予以解释说明。第一点，"认知"一词的意义是什么。这
个术语本身来自神经科学(见参考文献[36])，在这里，它被用于表征源自大脑皮层
的心理行为的外部表现。这些能力构成的究竟是什么？对于这个问题是没有任何
争议的，因为神经科学是根据神经活动提出的这一学科分类。而在人工智能领域，
认知过程就是模仿发生在人类大脑皮层的任何心理过程。哲学也是从大脑抽象出

---

　　1 GOFAI 是知识表示和推理，而深度学习是机器学习。

来的，从更为普遍的层面定义其术语。"认知过程"的有效定义可以表述为：以某种类似的方式发生在人脑和机器中的任何过程。这个定义让我们定义"类似的方式"，如果将人工神经网络作为实际神经元的简化版本，在这里或许可以满足我们的需求。

但是，这样又产生了更大的问题。某些认知过程相对比较简单，可以轻松地对它们进行建模。深度学习的发展揭示了当时的一个认知过程，但有一个重要的认知过程却是深度学习无法解释的，那就是推理。捕获和描述推理是哲学逻辑非常核心的一项工作，而形式逻辑作为严格推理处理的主要方法已经成为 GOFAI 的基础。深度学习是否会征服推理这一领域呢？又或者说，学习是否仅是一个与推理完全不同的过程？这可能意味着，从理论上说，推理是不可学习的。这一讨论与过去理性主义者和实证主义者之间的哲学争论产生了共鸣，在旧的哲学争论中，理性主义者主张(以不同的方式)，在任何学习之前，我们的思维中首先存在一种逻辑框架。关于推理是一种人类独有的认知过程，任何机器学习系统都无法学习的形式化证明在技术、哲学甚至是神学方面都有非常重大的意义。

关于学习推理的问题可以换个说法来表述。人们普遍认为，狗无法学习关系。[1]在这里，狗只是无法学习关系的可训练认知系统的一个例子。假定我们希望教狗学习"更小"这一关系。可以设计一种训练设置，其中，为狗提供两种不同的物体，在听到命令"更小"时，狗应该捡起更小的那一个(如果成功完成了任务，应该对其进行奖励)。但对狗来说，这个任务非常复杂：当面前摆放着两个物体时，它需要认识到"更小"不是某一个物体的名字，这就需要将参考从一个训练样本更改为另一种非物质性的东西，然后想办法找出一个物体(更小的一个)。如果你是这样想的，那么学习关系的困难就变得更加明确了。

逻辑学具有内在的关系性，其中，所有内容都存在一定的关系。关系推理是通过形式规则来完成的，不会引起任何问题。但是，逻辑学也存在非常类似的问题(不过是从另一面来看的)：如何学习内容以了解关系？通常的过程是手工定义实体和关系，然后可能需要添加一个动力因子，用于随着时间的推移对这些实体和关系进行修改。但是，在两个方面都存在划分模式和关系的问题。

提出人工神经网络和联结主义中这个重要的哲学问题的论文是由 Fodor 和

---

1 这种观点是不是正确与我们的讨论并没有直接的关系。众所周知，关于动物认知能力的著作很难找到，因为与动物认知和动物行为学有关的学术研究非常少。我们单独撰写了一篇论文来介绍狗学习的局限性(见参考文献[37])，因此，我们不敢在这一范畴提出任何观点，而只是作为一种假设。

Pylyshyn合著的论文(见参考文献[38]),这篇开创性的论文产生了巨大影响。他们认为思考和推理是一种基于内在规则的现象(符号性的、关系性的),与其说这是一种自然的心理机能,还不如说是一种复杂的能力,然后将这种能力发展成为一种工具,用于保留经过验证的真理并(在较小程度上)预测将来的事件。他们以此作为对联结主义的挑战:如果联结主义可以推理,它可以这样做的唯一方式(因为推理是基于内在规则的)就是构建一个人工神经网络,由这个人工神经网络生成一个规则系统。这并不是"联结主义推理",而是符号推理,借助人工神经网络为其符号分配有意义的内容。人工神经网络填充内容,但推理本身仍是符号性的。

你可能已经注意到,上述论点的有效性依赖于思考基于内在规则这一观点,因此,战胜挑战最轻松的方式就是推翻这个初始假设。如果思考和推理并不是完全基于规则的,则意味着它们的有些方面是"通过直觉"进行处理的,并不是通过规则推理出来的。联结主义提出一个渐进但非常重要的步骤来弥合分歧。考虑以下推理:"步行的话距离太长了,我最好开货车""我忘了货车正在维修,我最好开我妻子的汽车"。请注意,我们故意没有将这个推理设计成经典的三段论,而是采用一种类似于人们实际思考和推理的方式的形式。[1]注意是什么使这种思考是有效的[2],那就是将"汽车"与"货车"看作类似的可能性[3]。Word2vec(见参考文献[39])上是一种神经语言模型,可以学习给定单词和语境(给定单词周围的一些单词)的数值向量,这是从文字进行学习。文字的选择是"全局"。Word2vec的一项重要功能就是,它可以根据在全局中的语义相似性来将单词聚合成词组。之所以可以实现这一点,是因为语义相似的单词共享相似的直接语境:Bob 和 Alice 可能都很饿,但 Plato 和第四个人不可能饿。不过,用相似替换相似只是原始的推论,Word2vec 对联结主义推理做出的主要渐进式发展在于它所支持的本地计算。假设 $v(x)$ 是将 x(一个字符串)映射到其学习的向量的函数。经过训练以后,Word2vec 生成的特殊单词向量可以用于进行像下面这样的计算:$v(\text{king}) - v(\text{man}) + v(\text{woman}) \approx v(\text{queen})$。这被称为类比推理或单词类比,它是纯粹的联结主义推理方法发展中的第一个重要里程碑事件。

在本书的最后一章,我们将以问答的形式进一步探索推理。此外,我们还将

---

1 柏拉图将思考定义为灵魂与自己的对话,这就是我们要建模的,而基于规则的方法是亚里士多德在他的*Organon*(工具论)一书中所支持的方法。更简洁地说,我们试图通过柏拉图式的术语来重新定义推理,而不是使用权威性的亚里士多德范式。

2 在这里,我们故意不说"有效推论",而使用术语"有效思考"。

3 请注意,这种可互换性依赖于全局。如果我需要移动钢琴,我无法使用汽车来完成,但是,如果我需要取一些食品、杂货,那么使用汽车或货车都可以完成。

探索基于能量的模型和基于记忆的模型，对于推理问题，目前采纳的最佳方法是使用基于记忆的模型。这或许让人感觉有点惊讶，因为在正常的认知环境设置(无疑是在 GOFAI 的影响之下)中，我们将记忆(知识)和推理认为是两个截然不同的概念，但是似乎神经网络和联结主义并不采纳这种二分法。

第 2 章

数学和计算先决条件

2.1 求导和函数极小化

第 2 章将介绍理解后面各章内容所必需的绝大多数数学准备工作。深度学习的主要推动力量被称为反向传播算法。该算法主要由梯度下降法组成,即沿着梯度移动,而梯度是一个求导向量。本章的第一节主要介绍求导的相关内容,学完这一节的内容以后,读者应该可以知道梯度是什么,以及梯度下降的概念。在本书后面的所有章节中,我们不会再回过头来介绍这一主题,但会广泛应用相关内容。

我们将使用的一种基本符号表示惯例为 ":=",比如,"$A := xy$" 表示"将 A 定义为 xy",或者 "xy 被称为 A"。这被称为使用名称 A 命名 xy。我们将集合作为基本的数学概念,因为绝大多数其他概念都可以基于集合构建或使用集合进行解释。集合指的是一组成员,成员可以是其他集合,也可以是非集合元素。非集合指的是称为本元的基本元素,例如数字或变量。集合通常使用花括号表示,例如,$A := \{0, 1, \{2, 3, 4\}\}$ 表示的集合具有 3 个成员,包含元素 0、1 和 $\{2, 3, 4\}$。需要注意,$\{2, 3, 4\}$ 是 A 的一个元素,而不是一个子集。那么,什么是 A 的子集呢?举例来说,$\{0, \{2, 3, 4\}\}$ 就是 A 的一个子集。集合的书写形式可以是外延式,即指定各个成员,例如 $\{-1, 0, 1\}$;也可以是内涵式,即给出成员必须满足的属性,例如 $\{x | x \in \mathbb{Z} \wedge |x| < 2\}$,其中,$\mathbb{Z}$ 是整数集合,$|x|$ 表示 x 的绝对值。请注意,这两种书写形式表示的是同一个集合,因为它们具有相同的成员。这种相等原则称为外延公理,意思就是,当且仅当两个集合具有相同的成员时,我们说它们是相等的。

从这个意义上说，{0, 1}和{1, 0}是相等的，而{1, 1, 1, 1, 0}和{0, 0, 1, 0}也是相等的(它们具有相同的成员，即 0 和 1)。[1]

集合不会记录元素的顺序或某个元素的重复次数。如果集合记录重复次数，但不记录顺序，则称之为多重集合或袋，在这种情况下，{1, 0, 1} = {1, 1, 0}，但它们都不等于{1, 0}，我们要介绍的就是多重集合。通常情况下，为将袋与集合区分开来，采用的表示方法是指定元素数，也就是说，并不采用{1, 1, 1, 1, 0, 1, 0, 0}这种书写形式，而是书写为{"1" : 5, "0" : 3}。在通过所谓的词袋模型构建语言模型时，袋会非常有用，相关内容将在第 3 章进行详细介绍。

如果既关注位置也关注重复次数，那么应该采用(1, 0, 0, 1, 1)的书写形式。这种对象称为向量。如果有一个由$(x_1, x_2, ..., x_n)$这样的多个变量组成的向量，可以将其书写为 x。每个 $x_i(1 \leqslant i \leqslant n)$被称为一个分量(在集合中，它们被称为成员)，分量的数量被称为向量 x 的维度。

术语元组和列表与向量非常类似。向量主要在理论探讨中使用，而元组和列表用于在编程代码中实现向量。因此，元组和列表始终使用 myList 或 vectorAsTuple 这样的编程变量来命名。举例来说，newThing := (11, 22, 33)就是一个元组或列表的示例。元组和列表之间的差别在于，列表是可变的，元组则不是。结构的可变性意味着可以为该结构的一个成员分配新值。例如，如果我们拥有 newThing := (11, 22, 33)，然后执行 newThing[1]←99 (意思就是"为第[2]项分配值 99")，此时，将得到 newThing := (11, 99, 33)。这意味着对列表进行了修改。如果不希望能够执行此操作，则可以使用元组，在这种情况下，不能修改其中包含的元素。可以创建一个新元组 newerThing，并指定 newerThing[0]←newThing[0]、newerThing[1]←99 和 newerThing[2]← newThing[2]，不过，这样不会更改值，而只是对其进行复制并组成一个新元组。当然，如果我们有一个未知的数据结构，可以尝试修改某些分量，从而检查是列表还是元组。有时可能希望将向量建模为元组，但通常情况下，都会希望在编程代码中将它们建模为列表。

现在，我们将注意力转到函数。我们将在其定义中采用计算的方法。[3]函数可以说是一种神器，它接收参数(输入)，然后将它们转换为值(输出)。当然，函数的

---

1 请注意，它们还具有相同的成员数或基数，也就是 2。

2 计数从 0 开始，全书都将采用这种计数约定。

3 传统的定义使用集合来定义元组，使用元组来定义关系，然后再使用关系来定义函数，但对于我们在本书中的需求来说，这是一种过于逻辑化的方法。该定义提供了一个更为广泛的实体类，称之为函数。

神奇功能并不是使用了什么魔法，实际上，必须为它们定义好如何从输入获取输出，即如何将输入转换为输出。以下面这个函数为例，$y = 4x^3 + 18$，或者也可以表示为 $f(x) = 4x^3 + 18$，其中 x 是输入，y 是输出，而 f 是函数的"名称"。输出 y 定义为将 f 应用于 x，即 $y := f(x)$。在这里，省略了一些内容，但那些都是对本书的主题不太重要的内容，如果有读者对这部分内容感兴趣，我们建议阅读参考文献[1]。

当从这个角度思考函数时，实际上是使用加法、乘法和求幂等更简单的函数，通过指令(算法)指示如何转换 x 以获取 y。而上面所说的这些简单函数还可以表示为更简单的函数，不过，对于本书来说，不需要对此进行证明。读者可以在参考文献[2]中找到有关此操作如何完成的详细信息。

请注意，如果拥有一个包含两个参数的函数[1]$f(x, y) = x^y$，那么在传入值(2, 3)后，将得到 8。如果传入值(3, 2)，将得到 9。也就是说，函数是区分顺序的，即它们针对向量输入进行运算。这意味着，可以对此进行归纳概括，指出函数始终以向量作为输入，采用 n 维向量作为输入的函数被称为 n 元函数。这意味着可以自由地使用 $f(x)$ 表示法。0 元函数指的是生成输出但不接收任何输入的函数。这样的函数被称为常量，例如，$p() = 3.14159\ldots$ (注意这种包含一对圆括号的表示法)。

需要注意，可以接收函数的参数输入向量，并将输出添加到其中，这样就可以得到$(x_1, x_2, \ldots, x_n, y)$。这种结构称为函数 f 对于输入 x 的图。我们将看到如何将此扩展到所有输入。函数可以具有形式参数，对于函数 $f(x) = ax + b$ 来说，a 和 b 就是形式参数。它们被认为是固定不变的，不过，我们可能希望对其进行调整以便改善函数。请注意，如果为函数传入相同的输入，并且不更改形式参数，那么函数始终会给出相同的结果。通过更改形式参数，可以使输出发生非常大的变化。这对深度学习来说非常重要，因为深度学习就是自动调整可以修改输出的形式参数的方法。

可以定义一个集合 A，然后创建一个 x 的函数，该函数对于属于 A 的成员的所有值都输出值 1，而对于其他所有 x 值都输出 0。由于此函数对于所有集合 A 是不同的，除此之外，它执行的操作总是相同的，因此，可以给它提供一个包含 A 的名称。我们选择的名称是1_A。该函数被称为指示函数或特征函数，在文献中有时会表示为 χ_A。这种函数将用于所谓的独热编码(又称一位有效编码)，相关内容将在第 3 章介绍。

对于函数 $y = ax$ 来说，从中提取输入的集合被称为函数的定义域(domain)，而输出所属的集合被称为函数的陪域(codomain)。一般来说，不需要针对定义域

1　包含 n 个参数的函数称为 n 元函数。

的所有成员来定义函数，如果需要这么做，则这种函数被称为全函数。除了全函数之外，其他所有函数都称为偏函数。请记住，函数为每个输入向量分配的输出始终是相同的(前提是形式参数没有发生更改)。如果运算后，函数"耗尽"了整个陪域，也就是说，在赋值之后，陪域中没有任何成员不是某些输入的输出，那么该函数称为满射。而另一方面，如果函数从来都不会为不同的输入向量分配相同的输出，则该函数称为单射。如果函数既符合单射也符合满射，则称为双射。在给定输入集合 A 的情况下，输出集合 B 被称为映像，表示为 $f[A]=B$。如果在给定输出集合 B 的情况下查找输入集合 A，实际上就是在查找它的逆像，表示为 $f^{-1}[B] = A$ (可以对各个元素使用相同的表示法，即 $f^{-1}(b) = a$)。

如果对于定义域(针对该定义域定义的函数)中的每个 x 和 y，满足以下条件，则函数 f 称为单调函数：如果 $x<y$，则 $f(x) \leqslant f(y)$；或如果 $x>y$，则 $f(x) \geqslant f(y)$。根据方向的不同，单调函数被称为递增函数或递减函数，如果将 $\leqslant$ 替换为 $<$，则称为严格递增(或严格递减)。连续函数指的是没有间断的函数。对于我们现在的需要来说，这个定义已经足够好了，我们不要求太精确，但牺牲一部分精确度是为了更清晰明了。后面还会对此进行介绍。

有一个非常有意思的函数，即针对所有实数的有理数特征函数。当且仅当选取的实数也是有理数时，该函数返回 1。该函数没有一处是连续的。还有一种函数，它虽然不是在所有位置都连续，但在某些部分却是连续的，这就是所谓的阶跃函数(在第 4 章还会再次简单地介绍这种函数)。

$$\text{step}_0(x) = \begin{cases} 1, & x>0 \\ -1, & x \leqslant 0 \end{cases}$$

请注意，step_0 可以轻松地推广到 step_n，只需要将 0 替换为 n 即可。此外还要注意的是，1 和-1 完全是任意的，因此，可以将其替换为其他任何值。接收 n 维向量的阶跃函数有时也称为表决函数，但仍然称其为阶跃函数。在这个版本中，首先将函数的输入向量的所有分量相加,然后与阈值 n(在关于神经网络的文献中，阈值 n 被称为偏置)进行比较。请特别注意如何定义包含两种情况的阶跃函数：如果某个函数通过不同的情况进行定义，那么这是一个非常重要的提示，说明该函数可能不是连续的。尽管并不总是这种情况(不管从哪个角度来看)，但这确实是一个非常有效的提示，通常情况下都是正确的。[1]

---

1 通过 $\rho(x) = \max(x, 0)$ 定义的ReLU (修正线性单元)就是一个虽然通常按情况定义但仍然连续的函数示例。在第6章之前，我们将广泛地使用ReLU。

在继续介绍求导之前，需要先了解一些相关的概念。如果函数 f 的输出趋近于某个值 c(并结束于该值)，我们说该函数收敛于 c。如果没有这样的值，则该函数被称为发散函数。在绝大多数数学教科书中，收敛的定义更为严谨细致，但在本书中，不需要像数学领域那么精细，只需要普遍直观的表述即可。

我们将使用的一个重要常量是欧拉数(Euler number)，e = 2.718 281 828 459...。这是一个常量，将使用字母 e 表示它。我们将广泛使用基本的数值运算，下面简要介绍它们的行为和使用的表示法。

- x 的倒数为 $\dfrac{1}{x}$，也可以表示为 x^{-1}

- x 的平方根为 $x^{\frac{1}{2}}$，也可以表示为 $\sqrt{x}$

- 指数函数具有以下性质：$x^0 = 1, x^1 = x, x^n \cdot x^m = x^{n+m}, (x^n)^m = x^{n \cdot m}$

- 对数函数具有以下性质：$\log_c 1 = 0$，$\log_c c = 1$，$\log_c(xy) = \log_c x + \log_c y$，

  $\log_c\left(\dfrac{x}{y}\right) = \log_c x - \log_c y$，$\log_c x^y = y \log_c x$，$\log_x y = \dfrac{\log_c y}{\log_c x}$，

  $\log_x x^y = y$，$x^{\log_x y} = y$，$\ln x := \log_e x$

在继续介绍求导之前需要了解的最后一个概念是极限。对于这个概念，一种直观的定义就是，函数的极限是该函数的输出趋近于但永远也达不到的一个值[1]。需要注意的是，函数的极限被认为与输入的变化有关，并且必须是一个具体的值，也就是说，如果极限是 ∞ 或 $-\infty$，并不将其称为极限。请注意，这意味着，为了使极限存在，它必须是有限值。例如，如果 f 定义为 $f(x) = 2x$，则 $\lim\limits_{x \to 5} f(x) = 10$。一定要搞清楚数字 5 和极限 10 的含义，前者是输入所趋近的值，而后者是当输入趋近于 5 时函数的输出所趋近的值。

对于整数输入来说，极限的概念并不是非常重要(而且从数学上来说有点奇怪)。在思考极限问题时，应该假定以实数作为输入(在这种情况下，需要用到连续性的概念)。因此，在讨论极限(和求导)时，输入向量是实数，并且要求函数是连续的(不过，有时候也可能不是)。如果我们想要了解某个函数的极限，并且它在每个位置都是连续的，那么可以试着插入输入趋近于的值，看看得到的输出值。如果这样做出现问题，可尝试简化函数表达式，或者看看每个分段都发生了什么。实际上，出现问题分为两种情况：(i)函数是按情况定义的，或者(ii)对于

---

1 这就是 $0.999\cdots \neq 1$ 的原因。

某些输入，由于隐藏的除数为 0 的情况，导致有一些分段的输出未定义[1]。

现在，可以将连续性的直观概念替换为更为严谨精确的定义。当且仅当满足以下条件时，说函数 f 在 $x = a$ 这一点是连续的。

(1) $f(a)$ 已定义

(2) $\lim_{x \to a} f(x)$ 存在

(3) $f(a) = \lim_{x \to a} f(x)$

当且仅当函数在所有点都连续时，该函数被称为处处连续。需要注意的是，所有基本初等函数都是处处连续的[2]，所有多项式函数也是如此。有理函数[3]在除分母值为 0 的位置以外的所有位置处处连续。下面列出了一些关于极限的等式：

(1) $\lim_{x \to a} c = c$

(2) $\lim_{x \to 0+} \dfrac{1}{x} = \infty$

(3) $\lim_{x \to 0-} \dfrac{1}{x} = -\infty$

(4) $\lim_{x \to \infty} \dfrac{1}{x} = 0$

(5) $\lim_{x \to \infty} \left(1 + \dfrac{1}{x}\right)^x = e$

现在，我们已经做好准备，可以开始继续介绍微分[4]。可以对导数建立一个较直观的理解，函数的导数可以被认为是函数图在某个给定点的斜率。图 2.1 对此给出了清楚的表示。如果函数 $f(x)$ (定义域为 X)在 $a \in X$ 的每个点都有导数，则存在一个新的函数 $g(x)$，可以将 X 中的所有值映射到其导数。该函数被称为 f 的导数。由于 $g(x)$ 依赖于 f 和 x，因此，引入 $f'(x)$ 表示法(拉格朗日表示法)，或者，对于 $f(x) = y$，可以使用 $\dfrac{dy}{dx}$ 或 $\dfrac{df}{dx}$ 表示法(莱布尼茨表示法)。在本书中，会用到这两

---

1 在编程中尤其如此，因为在编写程序时，我们需要通过使用有理数的函数来近似计算使用实数的函数。从直觉的角度来说，这种近似计算也大有用处，因此，在尝试判定函数的行为方式时可以考虑这种方法。

2 对于除法有一个例外，那就是除数为0的位置。在这种情况下，除法函数未定义，因此，连续性的概念在这一点没有任何意义。

3 有理函数采用 $\dfrac{f(x)}{g(x)}$ 的形式，其中 f 和 g 是多项式函数。

4 求导数的过程被称为"微分"。

种不同的表示法，这是有意为之，因为某些概念或观点使用一种表示法表达更为直观，而还有一些使用另一种表示法表达更为直观。希望大家重点关注蕴含的基础数学现象，而不是表示方法是否一致。

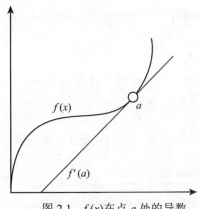

图 2.1　$f(x)$ 在点 a 处的导数

接下来更详细地说明这一点。假设有一个函数 $f(x) = \dfrac{x}{2}$。对于该函数，可以从中选择两个点，例如 $t_1 = (x_1, y_1)$ 和 $t_2 = (x_2, y_2)$，以便获取函数的斜率。在不失普遍性的情况下，可以假定 t_1 在 t_2 之前，即 $x_1 < x_2$ 且 $y_1 < y_2$。那么，斜率等于 $\dfrac{y_2 - y_1}{x_2 - x_1}$，即垂直分段与水平分段的比率。如果限制为 $f(x) = ax + b$ 形式的线性函数，可以得出两个结论。第一，斜率实际上就等于 a（你可以轻松地对此进行验证），而且在每一点都是相同的；第二，常量[1]的斜率一定是 0，而常量就是 b。

下面举一个更复杂的例子，比如 $f(x) = x^2$。在这个例子中，斜率并不是在每个点都相同，而且，通过上面的计算，无法从中获得满意的结果，在这种情况下，需要使用微分。然而，微分仍然只是斜率概念的一种细化。首先从斜率公式开始，然后看看当我们尝试使其更形式化一些时会怎么样。因此，首先从 $\dfrac{y_2 - y_1}{x_2 - x_1}$ 开始。可以使用 h 表示 x 的变化量，即从 x_1 到 x_2 的变化量。这意味着上述公式的分子可以书写为 $f(x+h) - f(x)$，而根据 h 的定义，分母刚好就是 h。在这种情况下，导数定义为 h 趋近于 0 时的极限，或者，也可以表示如下。

$$f'(x) = \frac{\mathrm{d}y}{\mathrm{d}x} = \lim_{h \to 0} \frac{f(x+h) - f(x)}{h} \tag{2.1}$$

1　实际上就是一个 0 元函数。也就是说，不管函数输入是什么，总是输出相同的值。

下面介绍如何获取函数 $f(x) = 3x^2$ 的导数 $f'(x)$。后面会给出用于计算导数的法则，使用这些法则，可以快速得出 $f'(x) = 6x$，不过，下面先介绍如何通过仅使用导数的定义来得到这个结果。

(1) $f(x) = 3x^2$ [初始函数]

(2) $f'(x) = \lim_{h \to 0} \dfrac{f(x+h) - f(x)}{h}$ [导数的定义]

(3) $f'(x) = \lim_{h \to 0} \dfrac{3(x+h)^2 - 3x^2}{h}$ [通过将第 1 行中的表达式替换到第 2 行的表达式中得到这个表达式]

(4) $f'(x) = \lim_{h \to 0} \dfrac{3(x^2 + 2xh + h^2) - 3x^2}{h}$ [在第 3 行的基础上，对求和表达式求二次方]

(5) $f'(x) = \lim_{h \to 0} \dfrac{(3x^2 + 6xh + 3h^2) - 3x^2}{h}$ [在第 4 行的基础上，执行乘法运算]

(6) $f'(x) = \lim_{h \to 0} \dfrac{6xh + 3h^2}{h}$ [在第 5 行的基础上，消掉分子中的 $+3x^2$ 和 $-3x^2$]

(7) $f'(x) = \lim_{h \to 0} \dfrac{h(6x + 3h)}{h}$ [在第 6 行的基础上，在分子中提取出 h]

(8) $f'(x) = \lim_{h \to 0} (6x + 3h)$ [在第 7 行的基础上，消掉分子和分母中的 h]

(9) $f'(x) = 6x + 3 \cdot 0$ [在第 8 行的基础上，将 h 替换为 0 (即它所趋近于的值)]

(10) $f'(x) = 6x$ [从第 9 行中的表达式得出的结果]

接下来介绍微分的法则。就像上面使用的这些法则一样，所有微分法则也是可以推导的，不过，记住这些法则要比实际推导法则轻松得多，这主要是因为本书的介绍重点并不是微积分。关于导数，最基本的一点就是，常量的导数始终为 0。还有，微分变量的导数始终为 1，或者以符号表示为 $\dfrac{dy}{dx} x = 1$。常量的斜率为 0，而对于函数 $f(x) = x$，水平分量等于垂直分量，斜率应该为 1。此外，如果想要从 $f(x) = ax + b$ 得到 $f(x)$，a 应该为 1，从而只剩下 x，同时 b 应该为 0。

下一个法则称为指数法则。在上面的示例中，已经看到了该法则的推导过程：$\dfrac{d}{dx} a \cdot x^n = a \cdot n \cdot x^{n-1}$。我们在这里增加 a 是为了显示可能的因子会产生怎样的影响。

加法和减法的法则非常简单：

$$\frac{dy}{dx}(k + j) = \frac{dy}{dx}k + \frac{dy}{dx}j \ , \ \frac{dy}{dx}(k - j) = \frac{dy}{dx}k - \frac{dy}{dx}j$$

对于乘法和除法来说，微分的法则相对比较复杂。我们举两个例子，然后留给读者自己推导法则的一般形式。第一个例子，对于 $y = x^3 \cdot 10^x$，那么 $y' = (x^3)' \cdot 10^x + x^3 \cdot (10^x)'$；第二个例子，对于 $y = \dfrac{x^3}{10^x}$，那么 $y = \dfrac{(x^3)' \cdot 10^x - x^3 \cdot (10^x)'}{(10^x)^2}$。

我们需要的最后一个法则称为链式法则(不要与指数的链式法则混淆)。链式法则表述为：对于特定的 u，$\dfrac{dy}{dx} = \dfrac{dy}{du} \cdot \dfrac{du}{dx}$。这与分数比较类似，可以大大提高直观性。[1]我们看一个例子。假定 $h(x) = (3 - 2x)^5$。对于该函数，可以把它当成两个函数：第一个是 $g(u)$，函数表达式为 $y = u^5$(在这个例子中，$u = 3-2x$)；第二个函数就是表示 u 的函数，即 $f(x) = 3-2x$。链式法则表述如下：要想求 y 对 x 的微分(即得到 $\dfrac{dy}{dx}$)，可以改为先求 y 对 u 的微分(也就是 $\dfrac{dy}{du}$)以及 u 对 x 的微分(也就是 $x\left(\dfrac{du}{dy}\right)$)，然后只需要将两者相乘即可。[2]

为了展示链式法则的实际应用，以函数 $f(x) = \sqrt{3x^2 - x}$ $\left(\text{即 } y = \sqrt{3x^2 - x}\right)$ 为例进行说明。对于这个函数，$f'(x) = \dfrac{dy}{du} \cdot \dfrac{du}{dx}$，其中，$y = \sqrt{u}$，因此 $\dfrac{du}{dx} = \dfrac{1}{2} u^{-\frac{1}{2}}$。另一方面，$u = 3x^2 - x$，因此 $\dfrac{du}{dx} = 6x - 1$。在此基础上，可以得到

$$\frac{dy}{du} \cdot \frac{du}{dx} = \frac{1}{2} u^{-\frac{1}{2}} \cdot (6x - 1) = \frac{1}{2} \cdot \frac{1}{\sqrt{u}} \cdot (6x - 1) = \frac{6x - 1}{2\sqrt{u}} = \frac{6x - 1}{2\sqrt{3x^2 - x}}$$

链式法则是反向传播算法的灵魂，而反向传播算法又是深度学习的核心。这是通过函数极小化来实现的，而关于函数极小化的内容将在下一节进行详细介绍，届时还会为大家介绍梯度下降算法。作为对上述内容的汇总，同时增加一些可能需要的简单法则。[3]下面列出了一些法则，既包括法则的"名称"，也包括相应的

---

1 采用拉格朗日表示法的链式法则结构不是太好，缺乏与分数的直观相似性：$h'(x) = f'(g(x))g'(x)$。

2 请记住，$h(x) = g(f(x)) = (g \circ f)(x) = g(u) \circ f(x)$，这表示 h 是函数 g 和 f 的组合函数。千万不要把 $f(x) = (3 - 2x)^5$ 这种形式的函数组合与 $f(x) = 3 - 2x^5$ 形式的普通函数或 $f(x) = \sin x \cdot x^5$ 形式的乘积函数弄混淆，这一点非常重要。

3 这些法则并不是独立的，因为 ChainExp 和 Exp 都是 CHAINRULE 的推论。

简要解释说明。

- LD：微分是线性的，因此，可以对各个加数分别求微分，然后提取出常量因子：$[a \cdot f(x) + b \cdot g(x)]' = a \cdot f'(x) + b \cdot g'(x)$。

- Rec：倒数法则 $\left[\dfrac{1}{f(x)}\right]' = -\dfrac{f'(x)}{f(x)^2}$。

- Const：定项法则 $c' = 0$。

- ChainExp：指数链式法则 $\left[\mathrm{e}^{f(x)}\right]' = \mathrm{e}^{f(x)} \cdot f'(x)$。

- DerDifVar：推导微分变量 $\dfrac{\mathrm{d}y}{\mathrm{d}z}z = 1$。

- Exp：指数法则 $\left[f(x)^n\right]' = n \cdot f(x)^{n-1} \cdot f'(x)$。

- CHAINRULE：链式法则 $\dfrac{\mathrm{d}y}{\mathrm{d}x} = \dfrac{\mathrm{d}y}{\mathrm{d}u} \cdot \dfrac{\mathrm{d}u}{\mathrm{d}x}$（对于特定的 u）。

2.2　向量、矩阵和线性规划

在继续介绍之前，需要先定义一个新概念，即欧几里得距离。如果有一个二维坐标系，其中有两个点，$p_1 := (x_1, y_1)$ 和 $p_2 := (x_2, y_2)$，那么可以将它们在空间中的距离定义为 $d(p_1, p_2) := \sqrt{(x_1 - x_2)^2 + (y_1 - y_2)^2}$。这个距离称为欧几里得距离，它定义整个空间的行为；从某种意义上说，空间中的距离对于空间的整个行为来说是一个基本概念。如果在进行空间推理时使用欧几里得距离，则将得到欧几里得空间。欧几里得空间是最常见的类型：它们遵从我们的空间直觉。在本书中，我们将仅使用欧几里得空间。

接下来，将注意力转到为向量开发的工具上来。之前已经介绍过，n 维向量 $\boldsymbol{x}$ 是 $(x_1, \cdots, x_n)$，所有单个 x_i 都称为分量。通常情况下，我们认为 n 维向量就是一个 n 维空间中的点。这个空间(配置齐全的情况下)将被称为向量空间，后面会对此进行介绍，而现在，我们只有来自 $\mathbb{R}^n$ 的一些 n 维向量。

下面介绍标量的概念。所谓标量，其实就是一个数字，可以将其看成 $\mathbb{R}^1$ 中的一个 "向量"。n 维向量只不过是由 n 个标量构成的序列。始终可以将一个向量乘以一个标量，例如 $3 \cdot (1, 4, 6) = (3, 12, 18)$。向量加法非常简单。如果希望将两个向量 $\boldsymbol{a} = (a_1, \cdots, a_n)$ 和 $\boldsymbol{b} = (b_1, \cdots, b_n)$ 相加，它们必须具有相同的分量数。在这种情况下，$\boldsymbol{a} + \boldsymbol{b} := (a_1 + b_1, \cdots, a_n + b_n)$。例如，$(1, 2, 3) + (4, 5, 6) = (1 + 4, 2 + 5, 3 + 6) = (5, 7, 9)$。这

给了我们一个提示，那就是必须坚持使用具有相同维度的向量(不过，我们总是会包含标量，尽管它们从技术上来说属于一维向量)。具有了标量相乘和向量相加以后，我们就有了一个向量空间。[1]

下面我们来深度地了解一下向量所在的空间。为了简单起见，将介绍三维实体，不过，我们说到的任何对象都可以轻松地一般化为 n 维的情况。因此，再次重申一遍，一个三维空间就是三维向量所在的地方：它们表示为该空间中的点。这就产生了一个问题，是否存在一个最小向量集可以“定义”三维向量的整个向量领域。这个问题有点不是很明确，但答案是肯定的。如果取三个[2]向量 $e_1 = (1,0,0)$、$e_2 = (0,1,0)$ 和 $e_3 = (0,0,1)$，则可以使用以下公式表示该空间中的任意向量。

$$s_1 e_1 + s_2 e_2 + s_3 e_3 \tag{2.2}$$

其中，s_1、s_2 和 s_3 是所选的标量，以便获得所需的向量。这显示了标量的强大之处，以及它们如何控制发生的所有操作，它们就像是向量王国中的贵族阶级。下面看一个例子。如果想要通过这种方式表示向量 $(1,34,-28)$，则需要取 $s_1 = 1$、$s_2 = 34$ 和 $s_3 = -28$，然后使用方程式 2.2 将它们插接在一起。该方程式称为线性组合：一个向量场中的每个向量都可以定义为向量 e_1、e_2 和 e_3 的一种(线性)组合，当然，还包括选择的适当标量。集合 $\{e_1, e_2, e_3\}$ 被称为三维向量空间(通常表示为 $\mathbb{R}^3$)的标准基。

读者可能注意到了，刚才提到了标准基，但实际上我们还没有定义基的概念。假定 V 是一个向量空间，并且 $B \subseteq V$。那么，当且仅当 B 中的所有向量都线性独立(即彼此不存在线性组合关系)并且 B 是 V 的最小生成子集[即它必须是可以借助方程式(2.2)生成的最小子集[3]]时，B 被称为基。

接下来，定义本书所需的一个最重要的向量运算，那就是点积。两个向量(必须具有相同的维度)的点积是一个标量。该运算的定义如下：

$$\boldsymbol{a} \cdot \boldsymbol{b} = (a_1, \cdots, a_n) \cdot (b_1, \cdots, b_n) := \sum_{i=1}^{n} a_i b_i = a_1 b_1 + a_2 b_2 + \cdots + a_n b_n \tag{2.3}$$

根据上面的公式，可以知道，$(1,2,3) \cdot (4,5,6) = 1 \cdot 4 + 2 \cdot 5 + 3 \cdot 6 = 32$。如果两个向量的点积等于零，那么它们被称为具有正交关系。此外，向量还具有长度。

1　在这里，我们故意没有介绍场(field)，因为我们仅使用 $\mathbb{R}$，所以没有必要将解释说明复杂化。

2　每个维度一个。

3　属性 P 保持有效的最小子集指的是在 P 仍保持有效的情况下无法再获取合适的子集的子集(某些较大集合的子集)。

要想测量向量 a 的长度，需要计算它的 L_2 或欧几里得范数。该向量的 L_2 范数定义如下：

$$\| a \|_2 := \sqrt{a_1^2 + a_2^2 + \cdots + a_n^2} \qquad (2.4)$$

请一定要记住，不要将范数的表示法与绝对值的表示法混淆。在后面的章节中，还会更加详细地介绍 L_2 范数。对于任意向量 a，通过将其与对应的 L_2 范数做除法运算，可以将其转换为所谓的规范化向量，如下所示。

$$\hat{a} := \frac{a}{\| a \|_2} \qquad (2.5)$$

如果两个向量既是规范化向量又具备正交关系，则称它们是标准正交。在第3 章和第 9 章，将会用到这些概念。接下来，将介绍矩阵，它是向量的自然延伸。矩阵是与表类似的一种结构，它也是由行和列构成的。为了更好地了解矩阵的概念，以下面的矩阵为例，按照之前介绍向量时已经了解的内容来看看矩阵有什么特征。

$$A = \begin{bmatrix} a_{11} & a_{12} & a_{13} \\ a_{21} & a_{22} & a_{23} \\ a_{31} & a_{32} & a_{33} \\ a_{41} & a_{42} & a_{43} \end{bmatrix}$$

我们一下子就能看出一些特点。首先，矩阵中的条目是以 a_{jk} 的形式表示的，其中 j 表示给定条目的行，k 表示对应的列。与向量类似，矩阵也有维度，只不过它需要具有两个方向上的维度。矩阵 A 是一个 4×3 维矩阵。请注意，该矩阵与 3×4 维矩阵是不一样的。可以将矩阵看成由向量构成的向量(这种观点有一些形式上的问题需要解决，但比较形象直观)。在这里，我们有两个选项：可以将其视为 $a_{1x} = (a_{11}, a_{12}, a_{13})$、$a_{2x} = (a_{21}, a_{22}, a_{23})$、$a_{3x} = (a_{31}, a_{32}, a_{33})$ 和 $a_{4x} = (a_{41}, a_{42}, a_{43})$ 这四个向量堆叠在新的向量 $A = (a_{1x}, a_{2x}, a_{3x}, a_{4x})$ 中，或者，也可以将其视为 $a_{x1} = (a_{11}, a_{21}, a_{31}, a_{41})$、$a_{x2} = (a_{12}, a_{22}, a_{32}, a_{42})$ 和 $a_{x3} = (a_{13}, a_{23}, a_{33}, a_{43})$ 三个向量捆绑到一起构成 $A = (a_{x1}, a_{x2}, a_{x3})$。

不管是哪种方式，我们都会感觉有什么地方出问题了，因为需要跟踪什么是垂直方向的，什么是水平方向的。很明显，现在需要区分标准水平向量，称为行向量(从矩阵中提取出来的一行现在刚好是一个向量)，它实际上是一个 $1 \times n$ 维矩阵

$$a_{\mathrm{h}} = (a_1, a_2, a_3, \cdots, a_n) = [a_1 a_2 a_3 \cdots a_n]$$

以及垂直向量，称为列向量，它实际上是一个 $n \times 1$ 维矩阵。

$$
\boldsymbol{a}_{\mathrm{v}} = \begin{bmatrix} a_1 \\ a_2 \\ a_3 \\ \vdots \\ a_n \end{bmatrix}
$$

需要通过一种运算来变换行向量和列向量，一般来说，就是将 $m \times n$ 维矩阵变换为 $n \times m$ 维矩阵，同时保持行和列中的顺序。这种运算被称为转置，下面的操作可以形象地描述这一运算：将一个矩阵纵向书写在一张透明的 A4 纸上，然后捏住纸的左上角，将其翻转为横向(然后透过纸读取数字)。正式的定义如下：对于 $n \times m$ 矩阵 A，可以定义另一个基于 A 构造的矩阵 B，方法是将每个 a_{jk} 放在 b_{kj} 的位置。在这种情况下，B 就称为 A 的转置，表示为 A^{T}。请注意，转置一个列向量会得到一个标准行向量，反之亦然。转置在深度学习中运用非常广泛，它可以使所有运算平稳、快速地运行。如果有一个满足 $A = A^{\mathrm{T}}$ 的 $n \times n$ 矩阵 A(称为方阵)，这样的矩阵被称为对称矩阵。

下面了解一下矩阵的运算。首先介绍的是标量乘法。可以将一个矩阵 A 与标量 s 相乘，方法是将矩阵中的每个条目分别与该标量相乘，如下所示。

$$
sA = \begin{bmatrix} s \cdot a_{11} & s \cdot a_{12} & s \cdot a_{13} \\ s \cdot a_{21} & s \cdot a_{22} & s \cdot a_{23} \\ s \cdot a_{31} & s \cdot a_{32} & s \cdot a_{33} \\ s \cdot a_{41} & s \cdot a_{42} & s \cdot a_{43} \end{bmatrix}
$$

我们注意到，矩阵与标量的乘法运算是可交换的(矩阵与矩阵的乘法运算不是可交换的)。如果想要对矩阵 A 应用函数 $f(x)$，可以通过将该函数应用于矩阵的所有元素来完成，如下所示。

$$
f(A) = \begin{bmatrix} f(a_{11}) f(a_{12}) f(a_{13}) \\ f(a_{21}) f(a_{22}) f(a_{23}) \\ f(a_{31}) f(a_{32}) f(a_{33}) \\ f(a_{41}) f(a_{42}) f(a_{43}) \end{bmatrix}
$$

接下来，介绍矩阵加法运算。如果我们想要对两个矩阵 A 和 B 执行加法运算，它们必须具有相同的维度。就是说，它们必须都是 $n \times m$ 矩阵。然后，可以将对应的条目分别相加[1]，得到的结果也是一个 $n \times m$ 矩阵。介绍下面这个例子。

---

1 矩阵减法的运算过程与此完全相同，只是将加法运算换成减法运算。

$$A + B = \begin{bmatrix} 3 & -4 & 5 \\ -19 & 10 & 12 \\ 1 & 45 & 9 \\ -45 & -1 & 0 \end{bmatrix} + \begin{bmatrix} 4 & -1 & 2 \\ -3 & 10 & 26 \\ 13 & 51 & 90 \\ -5 & 1 & 30 \end{bmatrix} = \begin{bmatrix} 7 & -5 & 7 \\ -22 & 20 & 38 \\ 14 & 96 & 99 \\ -50 & 0 & 30 \end{bmatrix}$$

接下来，介绍矩阵乘法运算。矩阵乘法是不可交换的，因此 $AB \neq BA$。要使两个矩阵进行乘法运算，它们需要具有匹配的维度。如果想要将 A 乘以 B (也就是计算 AB)，A 的维度为 $m \times q$ 的情况下，B 的维度必须为 $q \times t$。在这种情况下，生成的矩阵 AB 的维度为 $m \times t$。对于矩阵乘法运算来说，这种"维度一致性"的概念非常重要。这是一种惯例约定，而遵循这种惯例约定并按照这种方法执行矩阵乘法运算，会对我们产生非常大的帮助，计算速度会大大提升，因此一定要记住这一点。

如果对两个矩阵 A 和 B 执行乘法运算，将得到结果矩阵 $C(=AB)$，其维度遵循上面指定的规则。矩阵 C 由元素 c_{ij} 组成。对于每个元素 c_{ij}，可以通过计算以下两个向量的点积来获得：来自 A 的行向量 i 以及来自 B 的列向量 j (需要对列向量进行转置以获得标准行向量)。直观地说，这个过程清楚明了：对于元素 c_{km}，k 表示行，m 表示列，可以清楚地知道，该元素来自 A 的第 k 行，B 的第 m 列。为了让读者有一个更清楚的认识，我们来看一个例子。

$$AB = \begin{bmatrix} 4 & -1 \\ -3 & 0 \\ 13 & 6 \\ -5 & 1 \end{bmatrix} \cdot \begin{bmatrix} 3 & -4 & 5 \\ 9 & 1 & 12 \end{bmatrix}$$

首先检查维度：矩阵 A 的维度是 4×2，矩阵 B 的维度是 2×3。在这里，2 将它们"连在一起"，因此，可以对这两个矩阵执行乘法运算，而得到的结果将是一个维度为 4×3 的矩阵。

$$AB = \begin{bmatrix} 4 & -1 \\ -3 & 0 \\ 13 & 6 \\ -5 & 1 \end{bmatrix} \cdot \begin{bmatrix} 3 & -4 & 5 \\ 9 & 1 & 12 \end{bmatrix} = \begin{bmatrix} 3 & -17 & 8 \\ -9 & 12 & -15 \\ 93 & -46 & 137 \\ -6 & 21 & -13 \end{bmatrix}$$

我们将生成的 4×3 维矩阵称为 C。下面为大家展示所有条目 c_{ij} 的完整计算过程。

- $c_{11} = 4 \cdot 3 + (-1) \cdot 9 = 3$
- $c_{12} = -3 \cdot 3 + 0 \cdot 9 = -9$
- $c_{13} = 13 \cdot 3 + 6 \cdot 9 = 93$
- $c_{14} = -5 \cdot 3 + 1 \cdot 9 = -6$

- $c_{21} = 4 \cdot (-4) + (-1) \cdot 1 = -17$
- $c_{22} = -3 \cdot (-4) + 0 \cdot 1 = 12$
- $c_{23} = 13 \cdot (-4) + 6 \cdot 1 = -46$
- $c_{24} = 5 \cdot (-4) + 1 \cdot 1 = 21$
- $c_{31} = 4 \cdot 5 + (-1) \cdot 12 = 8$
- $c_{32} = -3 \cdot 5 + 0 \cdot 12 = -15$
- $c_{33} = 13 \cdot 5 + 6 \cdot 12 = 137$
- $c_{34} = -5 \cdot 5 + 1 \cdot 12 = -13$

下面是另一个关于矩阵乘法运算的例子。

$$AB = \begin{bmatrix} 0 & 1 & 2 & 3 \\ 4 & 5 & 6 & 7 \end{bmatrix} \cdot \begin{bmatrix} 8 & 9 & 0 \\ 1 & 2 & 3 \\ 4 & 5 & 6 \\ 7 & 8 & 9 \end{bmatrix} = \begin{bmatrix} 30 & 36 & 42 \\ 110 & 132 & 114 \end{bmatrix}$$

下面为大家展示 C 的所有元素的计算过程。

- $c_{11} = 0 \cdot 8 + 1 \cdot 1 + 2 \cdot 4 + 3 \cdot 7 = 30$
- $c_{12} = 0 \cdot 9 + 1 \cdot 2 + 2 \cdot 5 + 3 \cdot 8 = 36$
- $c_{13} = 0 \cdot 0 + 1 \cdot 3 + 2 \cdot 6 + 3 \cdot 9 = 42$
- $c_{21} = 4 \cdot 8 + 5 \cdot 1 + 6 \cdot 4 + 7 \cdot 7 = 110$
- $c_{22} = 4 \cdot 9 + 5 \cdot 2 + 6 \cdot 5 + 7 \cdot 8 = 132$
- $c_{23} = 4 \cdot 0 + 5 \cdot 3 + 6 \cdot 6 + 7 \cdot 9 = 114$

在继续介绍后面的内容之前，必须先定义另外两类矩阵。第一类是零矩阵。零矩阵可以是任意大小，其所有条目都是零。零矩阵的维度取决于想要对它执行什么运算，比如，在矩阵乘法运算中，其维度取决于要与之相乘的矩阵的维度。第二类(也是更有用的一类)是单位矩阵。单位矩阵始终是方阵(也就是说，两个维度是相同的)。在单位矩阵中，对角线上的值是 1，所有其他条目都是 0。也就是说，当且仅当 $j = k$ 时，$a_{jk} = 1$，在所有其他情况下，$a_{jk} = 0$。需要注意的是，单位矩阵属于对称矩阵。另外，还需要注意的是，对于每个维度来说，只有一个单位矩阵，因此，可以将其命名为 $I_{n,n}$。由于它是方阵(即 $n \times n$ 矩阵)，不需要指定两个维度，因此，可以简写为 I_n。下面列出了各个维度的单位矩阵。

$$I_1 = [1], I_2 = \begin{bmatrix} 1 & 0 \\ 0 & 1 \end{bmatrix}, I_3 = \begin{bmatrix} 1 & 0 & 0 \\ 0 & 1 & 0 \\ 0 & 0 & 1 \end{bmatrix}, I_n = \begin{bmatrix} 1 & 0 & \cdots & 0 \\ 0 & 1 & \cdots & 0 \\ \vdots & \vdots & \ddots & \vdots \\ 0 & 0 & \cdots & 1 \end{bmatrix}$$

现在，可以定义矩阵的正交性。对于 $n \times n$ 方阵 A 来说，当且仅当 $AA^T = A^T A = I_n$ 时，才称其具有正交性。

请注意，向量具有一个维度，因此，可以说 n 维向量。矩阵具有二维参数，因此，称之为 $n \times m$ 矩阵。如果再添加一个维度会怎么样？$n \times k \times j$ 维对象是什么？这种对象称为张量，其行为方式与矩阵类似。在深度学习中，张量是一个非常重要的主题，不过很遗憾，这已经超出了本书的介绍范围。如果读者对这一主题感兴趣，可以阅读参考文献[3]。

到目前为止，已经分别介绍了导数和向量，而接下来，我们来看看如何将它们组合在一起，形成深度学习中最重要的结构之一，那就是梯度。之前我们已经了解了如何计算单变量函数 $f(x)$ 的导数，那么能不能将这一概念扩展到多个变量？能不能获得需要两个变量进行定义的数学对象在某一点的斜率？答案是肯定的，可以使用偏导数来实现。我们来看一个例子，在这里，以简单的 $f(x, y) = (x - y)^2$ 为例进行说明。首先，需要将其变换为 $x^2 - 2xy + y^2$ 的形式。现在，需要将其视为具有一个变量的函数，也就是说，将另一个变量视为未知常量：$f_y(x) = x^2 - 2xy + y^2$，或者以下形式更为直观：$f_a(x) = x^2 - 2xa + a^2$。现在要想办法找出 f 对 x 的偏导数。因此，要针对 $f(x) = x^2 - 2xa + a^2$ (或者等价的 $f'(x) = x^2 - 2xa + a^2$) 求解 $\dfrac{df}{dx}$。

请注意，我们不能放心地使用 $\dfrac{dy}{dx}$ 的表示法，不过，可以书写为 $\dfrac{df}{dx}$ 以避免混淆。由于微分是线性的，根据上一节中介绍的 LD 法则，可以得到 $\dfrac{df}{dx} x^2 - 2a \dfrac{df}{dx} x + \dfrac{df}{dx} a^2$。通过对第一项使用指数法则 Exp，对第二项使用微分变量法则 DerDifVar，对第三项使用常量法则 Const，可以得到 $2x - 2a + 0$，然后简化为 $2(x - a)$。我们来看看刚才都做了什么：求取了 $f_a(x)$ (使用常量 a 代替 y) 的 (全)导数，这与求取 $f(x, y)$ 的偏导数是一样的。以符号表示，计算了 $\dfrac{df_y(x)}{dx}$，对应的偏导数表示为 $\dfrac{\partial f(x, y)}{\partial x}$，是通过将提取的变量再次替代为插入的常量获得的。

换句话说，$\dfrac{\partial f(x, y)}{\partial x} = 2(x - y)$。

当然，就像 $f(x, y)$ 具有相对于 x 的偏导数一样，它也有一个相对于 y 的偏导数：$\dfrac{\partial f(x, y)}{\partial y} = 2(y - x)$。因此，如果某个函数 f 具有 $x_1, x_2, \cdots, x_n$ 参数(或者，也可以说 f 具有一个 n 维向量参数)，那么就可以获得 n 个偏导数：$\dfrac{\partial f(x_1, x_2, \cdots, x_n)}{\partial x_1}$，

$\dfrac{\partial f(x_1, x_2, \cdots, x_n)}{\partial x_2}, \cdots, \dfrac{\partial f(x_1, x_2, \cdots, x_n)}{\partial x_n}$。如果将它们存储在一个向量中，则可以得到

$$\left(\frac{\partial f(x)}{\partial x_1}, \frac{\partial f(x)}{\partial x_2}, \cdots, \frac{\partial f(x)}{\partial x_n} \right)$$

我们将这种结构称为函数 $f(x)$ 的梯度，并且书写为 $\nabla f(x)$。为了表示梯度的第 i 个分量，可以采用以下形式：$\left(\nabla_i f(x) = \dfrac{\partial f(x)}{\partial x_i} \right)$。如果我们有一个具有 n 个变量的函数 f，它应该作为一个 $n+1$ 维曲面存在于 $n+1$ 维空间中。三维空间中的这个曲面称为平面，在四维或更高维度的空间中，这个曲面称为超平面。实际上，梯度就是 $n+1$ 个维度中每一个维度中的斜率的列表。

基于梯度是斜率列表这一观念，我们来看看如何使用梯度得出 n 元函数的最小值。函数的每个输入分量都是一个坐标，最终函数将输入坐标映射到这个坐标(显示给定这些输入的情况下超平面的位置)。由于梯度的每个分量是超平面每个维度上的斜率，因此，可以将梯度分量从其各自的输入分量中减掉，然后重新计算函数。当执行此操作并将新值提供给函数时，将得到一个新的输出，该输出更接近函数的最小值。这种方法称为梯度下降，在后面会经常用到这种方法。在第 4 章中，将提供一种简单情况的完整计算过程，我们的所有深度学习模型都将使用它来更新其参数。

下面通过一个例子介绍如何使用梯度下降方法求函数极小值。假设有一个简单的函数 $f(x) = x^2 + 1$。需要找出在哪个 x 值的情况下可以得到 $f(x)$ 的极小值。[1]通过基础微积分，这个点应该是 $(0, 1)$。f 的梯度将只有一个分量 $\nabla f(x) = \left(\dfrac{\partial f(x)}{\partial x} \right)$，与 x

---

1 为了得到实际的 $f(x)$，我们只需要插入 x 的最小值并计算 $f(x)$。

相对应。[1]首先为x选择一个随机起始值，这里就取$x=3$。当$x=3$时，$f(x)=10$，

并且$\frac{\partial f}{\partial x}=\frac{\mathrm{d}f}{\mathrm{d}x}=f'(x)=6$。应用一个额外的换算系数0.3。这将使我们仅提取正常情

况下沿梯度提取的步长的30%，从而使我们可以提高求取极小值时的精确度。后

面，我们会将这个系数称为学习率，它将是我们模型的重要组成部分。

我们将针对x执行一系列步骤，从而生成$f(x)$极小值(或者更精确地说，是实

际极小点的极近似值[2])，将初始x表示为$x^{(0)}$，并以类似的形式表示求取极小值过

程中的所有其他x。因此，如果想要获取$x^{(1)}$，可以计算$x^{(0)}-0.3\cdot f'(x^{(0)})$，或者

采用数字的形式，即$x^{(1)}=3-0.3\cdot 6=1.2$。现在，继续计算$x^{(2)}=x^{(1)}-0.3\cdot$

$f'(x^{(1)})=1.2-0.3\cdot 2.4=0.48$。按照同样的过程，可以计算出$x^{(3)}=0.19, x^{(4)}=$

0.07、$x^{(5)}=0.02$，然后到此结束。[3]可以继续计算以获取更好的近似值，但最后

总是需要结束。梯度下降方法可以不断接近使函数f具有极小值的x值，在我们

的示例中，这个值就是$x^{(5)}\approx\mathrm{argmin}\,f(x)=0$。需要注意的是，$f$的极小值实际上

是1，如果在$f(x)=x^2+1$中插入argmin作为x，就可以获得该值。感兴趣的读者

可能想知道，如果使用加法而不是减法，会发生什么情况：在这种情况下，我

们要求取的将是极大值，而不是极小值，但过程中用到的所有方法都是相同的。

在继续介绍统计学和概率相关内容之前，先来做一个简短的总结。数学知识

通常被认为是通用的常识，因此，不需要再引证。话虽如此，绝大多数好的数学

教科书还是会引证和提供关于已经被证明了的观点和定理的历史评注。由于本书

并不是一本数学教科书，因此，我们不会这样做。我们会引导读者阅读其他提供

了历史概况的参考书目。建议对微积分感兴趣的读者首先读一下参考文献[4]，而

建议对线性代数感兴趣的读者读一下参考文献[5]。有一本书，相信任何深度学习

的研究者都应该从头到尾好好看一看，那就是参考文献[6]，强烈建议广大读者都

读一读这本书。

2.3　概率分布

在这一节中，将探索统计学和概率论中的各种概念，这些概念在深度学习中

---

1 在具有多个维度的情况下，我们应该针对每一对x_i和$\nabla_i f(x)$执行相同的计算。

2 请注意，一个函数可以拥有多个局部极小点，但只有一个全局极小点。梯度下降可能会
"陷入"局部极小点，但我们的例子只有一个局部极小点，也就是实际的全局极小点。

3 之所以到此结束，只不过是因为我们认为它已经"足够好"了，并没有什么数学上的原因。

都会用到。当然，我们只会介绍深度学习所需的内容，如果读者对其他概念也感兴趣，为大家推荐两本非常好的教科书，那就是参考文献[7]和[8]。

统计学是典型的数据分析：它对某个总体进行分析，而总体的成员具有特定的属性。后面在介绍机器学习时，会对所有这些术语进行严格的定义，但现在，将采用一种直观的形式：将总体看成一个城市的居民，他们的属性[1]包括身高、体重、教育程度、脚尺寸、兴趣爱好等。然后，统计学可以分析总体的属性，例如平均身高，或者最普遍的职业是什么。请注意，为进行统计分析，我们需要具有清楚、易读取的数据，而深度学习并没有这样的要求。

为了得出某个人口总体的平均身高，我们提取所有居民的身高，将它们加总到一起，然后将总和除以居民数，如下所示。

$$\text{MEAN(height)} := \frac{\sum_{i=1}^{n} \text{height}_i}{n} \tag{2.6}$$

平均身高也称为身高的平均值，对于任何具有数值的特征，都可以获取平均值，例如体重、体重指数等。采用数值的特征被称为数值特征。因此，平均值就是"数字中间值"。但是，当需要"中间值"时，例如人口总体的职业，可以怎样做呢？在这种情况下，可以使用众数，它实际上是一个函数，可以返回出现频率最高的值，例如"分析师"或"面包师"。请注意，众数可以用于数值特征，但众数会将值 19.01、19.02 和 19000034 视为"异曲同工"。这意味着，如果想要获取有意义的众数，例如"月薪"，应该将薪资舍入到最接近的千，这样，2345 就成为 2000，而 3987 会成为 4000。这个过程会创建数据的箱(它会对数据进行聚合)，而这种数据预处理称为分箱。这是一项非常有用的技术，因为它可以显著降低非数值问题的复杂性，而且通常可以更清楚地了解数据发生了什么。

除了平均值和众数以外，还有第三种方式来实现中心性。假定有一个序列 1, 2, 5, 6, 10000。对于这个序列，众数没有什么用，因为没有任何两个值是重复的，而且没有明显可行的方式来进行分箱。可以求平均值，但平均值是 2002.8，这个没有什么意义，因为它不能提供序列任何一部分的有用信息。[2]不过，导致平均值没有意义的原因在于序列中存在非典型值 10000。这样的非典型值称为离群值。后面会在适当的时候对离群值进行更严谨的定义，不过，在这里形成的这种关于离群值的简单、直观的表现形式对于所有机器学习工作都是非常有用的。只

---

1 在机器学习中，属性被称为特征，而在统计学中，它们被称为变量。很容易让人产生混淆，但都是标准的术语。

2 请注意，这里的平均值对于描述单独提取的前四个成员和最后一个成员都没有太大的意义。

需要记住，离群值是非典型值，而不一定是非常大的值：在这个例子中，不一定必须是 10000，0.0001 同样也会被认为是离群值。

在给定序列 1，2，5，6，10000 的情况下，希望找到一种对于离群值并不是非常敏感的测量中心性的方法。众所周知的方法就是中值法。假定我们所分析的序列具有奇数个元素，该序列的中值就是有序序列的中间元素的值。[1]在我们的示例中，中值是 5。对于序列 2，1，6，3，7，中值应该是有序序列 1，2，3，6，7 的中间元素，也就是 3。我们已经注意到，按照上面的描述，需要序列中的元素数为奇数，不过，可以对上述中值的概念稍加修改，从而适应元素个数为偶数的情况：首先对序列进行排序，找出"最中间"的两个元素，然后将中值定义为这两个元素的平均值。假设有一个序列 4，5，6，2，1，3，需要的最中间的两个元素是 3 和4，它们的平均值(也就是整个序列的中值)是 3.5。需要注意的是，在这种情况下，与元素数为奇数的情况不同，中值不再是该序列的一个成员，但对于绝大多数机器学习应用来说，这并不重要。

现在，已经介绍了集中趋势的几种度量标准[2]，接下来将开始介绍期望值、偏差、方差和标准差等概念。但在此之前，需要先弄清楚基本概率计算和概率分布。先退一步，了解一下概率是什么。举一个最简单的例子，抛硬币。这个过程实际上就是一个简单的实验：我们已经拥有一个定义良好的概念，知道所有可能的结果，但还是要等待当前这次投硬币的结果。有两种可能的结果，要么是正面朝上，要么是反面朝上。对于计算基本概率来说，所有可能的结果的数量非常重要。我们需要的第二个分量是出现所需结果的次数(在出现所有结果的次数之中)。在简单的抛硬币游戏中，存在两种可能性，只有一种可能性是正面朝上，因此，$\mathbb{P}(正面) = \dfrac{1}{2} = 0.5$，这表示结果为正面朝上的概率为 0.5。这个例子可能有点特殊，下面举一个比较复杂的例子，让大家有一个更明确的了解。通常情况下，x 的概率表示为 $P(x)$ 或 $p(x)$，但在本书中，我们更倾向于采用 $\mathbb{P}(x)$ 的表示方法，因为概率是一种非常特殊的属性，不应该很容易就与其他谓词发生混淆，而我们采用的这种表示法可以避免产生混淆。

假设有一对 D6 骰子，并且想要知道两个骰子的点数相加为 5 的概率[3]。像前

---

1 序列可以按升序或降序进行排序，具体选择哪种顺序对结果没有影响。

2 这是平均值、中值和众数的"正式"名称。

3 不是一个骰子的点数为5，而是点数之和是5，就像"大富翁"游戏中一样，需要掷出5才能购买所需的最后一条街以便开始盖房子。

面一样，需要计算 $\dfrac{A}{B}$，其中 B 是可能出现的结果的总数，A 是出现所需结果的次数。我们来计算 A。要想两个 D6 骰子的点数之和为 5，以下几种情况均满足这一要求。

(1) 第一个骰子点数为 4，第二个骰子点数为 1；

(2) 第一个骰子点数为 3，第二个骰子点数为 2；

(3) 第一个骰子点数为 2，第二个骰子点数为 3；

(4) 第一个骰子点数为 1，第二个骰子点数为 4。

由此可见，可以在 4 种情况下得到点数之和为 5，因此 $A = 4$。接下来，计算 B。需要计算两个 D6 骰子可能掷出的结果有多少种。如果第一个骰子的点数为 1，第二个骰子的点数有 6 种可能性。如果第一个骰子的点数为 2，第二个骰子的点数还是有 6 种可能性，以此类推，第一个骰子点数为 1～6 的每种情况下，第二个骰子的点数都有 6 种可能性。这就意味着总共有 $6 \cdot 6 = 6^2$ 种可能性，[1]因此，$\mathbb{P}(5) = \dfrac{4}{36} = 0.11$。所有简单概率都像这样来计算，即先计算出现所需结果的次数，然后除以所有可能结果的出现次数。请记住非常有趣且重要的一点：如果第一个骰子掷出的点数为 6，第二个骰子掷出的点数为 1，这是一种结果；与此同时，如果第一个骰子掷出的点数为 1，第二个骰子掷出的点数为 6，这是另外一种结果。此外，只有一种组合形式可以使点数之和为 2，那就是第一个骰子掷出的点数是 1，第二个骰子掷出的点数也是 1。

现在，我们已经对基本概率计算有了一个比较直观的了解[2]，接下来，介绍概率分布。概率分布其实就是一个函数，告诉我们某种情况出现的频率。为了定义概率分布，首先需要定义什么是随机变量。随机变量指的是从概率空间到一组实数的映射，或者简单地说，它就是可以获取随机值的变量。随机变量通常使用 X 表示，它所获取的值通常表示为 x_1、x_2 等。请注意，这里的"随机"可以替换为更具体的概率分布，从而使某些值出现的机会更大(其他值出现的机会就会低于随机值)。这种简单、完全随机的情况如下：如果在概率空间中有 10 个元素，随机变量会为每个元素指定概率 0.1。实际上，这是介绍的第一种概率分布，称为均匀分布。在这种分布中，概率空间的所有成员都获得相同的值，这个值就是 $\dfrac{1}{n}$，其中

---

1 在 6^2 中，6 表示每个骰子上包含的不同点数的数量，而 2 表示使用的骰子数量。

2 这里我们所说的"基本概率"实际上在文献中称为先验，在后面的章节中我们也会这样称呼。

n是元素总数。前面在分析投硬币游戏时，我们看到了另外一种概率分布，那就是伯努利分布。伯努利分布指的是一个随机变量的概率分布。该随机变量值为1的概率为p，值为0的概率为1-p。在我们的例子中，$p = \mathbb{P}(\text{正面}) = 0.5$，不过，同样也可以选择不同的$p$。

为了继续进行后面的介绍，现在需要定义期望值。为了给大家提供更为直观的感觉，以两个 D6 骰子为例进行说明。如果只有一个 D6 骰子，那么可以得到

$$\mathbb{E}_P[X] = x_1 \cdot p_1 + x_2 \cdot p_2 + \cdots + x_6 \cdot p_6 \tag{2.7}$$

其中，X是随机变量，P是X的一种分布(x_s来自X，p_s属于P)。由于存在6种结果，每种结果的概率都是$\dfrac{1}{6}$，这就变成

$$\mathbb{E}_{\text{uniform}}[X] = 1 \cdot \frac{1}{6} + 2 \cdot \frac{1}{6} + 3 \cdot \frac{1}{6} + 4 \cdot \frac{1}{6} + 5 \cdot \frac{1}{6} + 6 \cdot \frac{1}{6} \tag{2.8}$$

看上去似乎挺普通的，然而，如果有两个D6骰子，情况就会变得大为复杂，因为各种可能性变得难以掌控，分布不再是均匀的(回想一下，前面曾经介绍过，两个D6骰子掷出点数之和为5的情况的概率并不是$\dfrac{1}{36}$)。

$$\mathbb{E}_{\text{new Distribution}}[X] = 2 \cdot \frac{1}{36} + 3 \cdot \frac{2}{36} + 4 \cdot \frac{3}{36} + 5 \cdot \frac{4}{36} + 6 \cdot \frac{5}{36} + 7 \cdot \frac{6}{36} + 8 \cdot \frac{5}{36} +$$
$$9 \cdot \frac{4}{36} + 10 \cdot \frac{3}{36} + 11 \cdot \frac{2}{36} + 12 \cdot \frac{1}{36} \tag{2.9}$$

不过，先来看看介绍期望值时背后究竟发生了什么。在这里，实际上是生成一个估计量[1]，这是一个函数，告诉我们期望在将来获得的结果是什么。"将来实际获得的结果是什么"是另外一回事。"现实"(也称为概率分布)通常表示为字母表比较靠后的大写字母，例如X，而该概率分布对应的估计量通常采用在该字母上加一个小帽子的形式来表示，例如$\hat{X}$。估计量与将来会获得的实际值之间的关系[2]通过两个主要的概念进行表征，那就是偏差和方差。$\hat{X}$相对于X的偏差定义如下。

$$\text{偏差}(\hat{X}, X) := \mathbb{E}_P[\hat{X} - X] \tag{2.10}$$

---

1 所有机器学习算法都是估计量。

2 请注意，理想情况下，我们希望估计量在所有情况下都是将来的完美预测器，但这有点未卜先知的感觉。从科学的角度来说，我们可以设计预测模型，努力让预测结果尽可能准确，但完美预测基本上是不存在的。

直观地说，偏差显示的是估计量偏离目标的程度(平均情况下)。还有一个相关的概念，那就是方差。它显示估计量与将来的实际值相比的离散程度，对应的公式如下。

$$方差(\hat{X}) := \mathbb{E}_P\left[\left(\hat{X} - \mathbb{E}_P[\hat{X}]\right)^2\right] \tag{2.11}$$

标准差定义如下。

$$标准差(\hat{X}) := \sqrt{\text{VAR}(\hat{X})} \tag{2.12}$$

直观地说，标准差计算的是方差的分散信息，但经过换算后，变得非常有用。

接下来，回过头来为大家介绍概率计算。之前已经看到了如何计算基本概率(先验)，比如 $\mathbb{P}(A)$，但是，我们应该掌握概率的微积分计算方法。在这一节中，将同时提供集合论表示法和逻辑表示法，但后面将采用不太直观但更为标准的集合论表示法。最基本的方程式是计算两个独立事件的联合概率，表示如下。

$$\mathbb{P}(A \cap B) = \mathbb{P}(A \wedge B) := \mathbb{P}(A) \cdot \mathbb{P}(B) \tag{2.13}$$

如果想要得出两个互斥事件的概率，可以使用

$$\mathbb{P}(A \cup B) = \mathbb{P}(A \oplus B) := \mathbb{P}(A) + \mathbb{P}(B) \tag{2.14}$$

如果事件不一定是不相交的[1]，那么可以使用下面的方程式。

$$\mathbb{P}(A \vee B) := \mathbb{P}(A) + \mathbb{P}(B) - \mathbb{P}(A \wedge B) \tag{2.15}$$

最后，可以定义两个事件的条件概率。在 B 的条件下 A 的条件概率(或者按照逻辑表示法，表示为 $B \rightarrow A$ 的概率)定义如下。

$$\mathbb{P}(A \mid B) = \mathbb{P}(B \rightarrow A) := \frac{\mathbb{P}(A \cap B)}{\mathbb{P}(B)} \tag{2.16}$$

现在，已经有了足够的定义来证明贝叶斯定理。

定理2.1

$$\mathbb{P}(X \mid Y) = \frac{\mathbb{P}(Y \mid X)\mathbb{P}(X)}{\mathbb{P}(Y)}$$

证明　根据前面条件概率的定义[方程式(2.16)]，可以得到 $\mathbb{P}(X \mid Y) = \dfrac{\mathbb{P}(X \cap Y)}{\mathbb{P}(Y)}$。

接下来，需要为 $\mathbb{P}(X \cap Y)$ 换一种表示形式，但还将使用条件概率的定义。通过将

1　"不相交"表示 $A \cap B = \varnothing$。

方程式(2.16)中的 B 替换为 X，A 替换为 Y，可以得到 $\mathbb{P}(Y \mid X) = \dfrac{\mathbb{P}(Y \cap X)}{\mathbb{P}(X)}$。由于 $\cap$ 是

可交换的，这与 $\mathbb{P}(Y \mid X) = \dfrac{\mathbb{P}(X \cap Y)}{\mathbb{P}(X)}$ 是相同的。现在，将表达式乘以 $\mathbb{P}(X)$，从而得到

$\mathbb{P}(Y \mid X)\mathbb{P}(X) = \mathbb{P}(X \cap Y)$。现在知道 $\mathbb{P}(X \cap Y)$ 是什么，在 $\mathbb{P}(X \mid Y) = \dfrac{\mathbb{P}(X \cap Y)}{\mathbb{P}(Y)}$ 中将

其替换掉，从而得到 $\mathbb{P}(X \mid Y) = \dfrac{\mathbb{P}(Y \mid X)\mathbb{P}(X)}{\mathbb{P}(Y)}$，证明完成。

这是本书中的第一个也是唯一的一个证明[1]，之所以要将它包含进来，是因为它在机器学习领域占据着非常重要的位置，我们认为每个读者都应该了解如何在一张白纸上得到它。如果假定 $Y_1, ..., Y_n$ 具有条件独立性，那么贝叶斯定理还有一种一般化的形式，可以考虑多个条件(Y_{all} 由 $Y_1 \wedge \cdots \wedge Y_n$ 构成)。

$$\mathbb{P}(X \mid Y_{all}) = \frac{\mathbb{P}(Y_1 \mid X) \cdot \mathbb{P}(Y_2 \mid X) \cdots \mathbb{P}(Y_n \mid X) \cdot \mathbb{P}(X)}{\mathbb{P}(Y_{all})} \tag{2.17}$$

在第 3 章中，将看到这对机器学习多么有用。贝叶斯定理是以托马斯·贝叶斯(Thomas Bayes)的名字命名的，他是第一个证明了该定理的人，但这个研究成果直到他死后两年才于 1763 年由他的朋友帮助发表。这个定理后来又经过形式化，第一次比较严谨的形式化是由皮埃尔-西蒙·拉普拉斯(Pierre-Simon Laplace)在他 1774 年的逆概率论文集中给出的，后来于 1812 年在他的 *Théorie analytique des probabilités*《概率分析论》中又再次进行了改进。如果想要了解拉普拉斯做出贡献的完整论述，可以阅读参考文献[9-10]。

在离开概率论的绿色平原转而进入逻辑学和可计算理论的荒漠高山之前，还必须简单介绍另一种概率分布，那就是正态分布，也称为高斯分布。高斯分布可以通过以下公式表示。

$$\frac{1}{\sqrt{2 \cdot VAR \cdot \pi}} e^{\frac{(x - MEAN)^2}{2 \cdot VAR}} \tag{2.18}$$

这是一个非常奇怪的方程式，但高斯分布主要关注的并不是计算的优美，而是自然、完美的图形形状，这可以通过多种方式加以使用。你可以看到平均值为 0、标准差为 1 的高斯分布的图形是什么样子[参见图 2.2(a)]。

---

1 还有其他的，只不过它们是经过伪装的，不是很明显。

透过高斯分布背后的原理，可以发现，很多自然现象似乎都符合这一分布。在机器学习中，当你初始化看起来随机但同时又以某个值为中心的值时，高斯分布非常有用。这里所说的中心值就是平均值，一般会将其设置为 0，但实际上它可以是其他任何值。有一个与高斯分布相关的概念，那就是高斯云，它是通过以下方式获得的：对平均值为 0 的高斯分布按照每次两个值进行抽样，然后将这些值添加到坐标为(x, y)的点(如果读者想要看看它具体是什么样子，可以将结果绘制出来)。从外观上看，它就像是使用某种古老的图形编辑程序中的喷漆工具画出来的"点"[参见图 2.2(b)]。

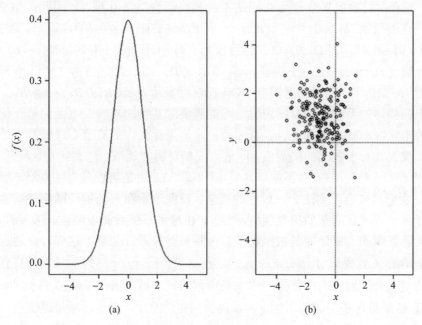

图 2.2　高斯分布和高斯云

2.4　逻辑学和图灵机

在一开始介绍人工神经网络时就提到过逻辑学，后来在介绍异或问题时又再次涉及，但是，当时并未对其进行真正的讨论。由于逻辑学是一门高度发展的数学科学，因此对逻辑学的深入介绍已经大大超出了本书的介绍范围，不过，如果读者感兴趣，可以阅读参考文献[11]或[12]，这两本书中都对这方面的内容进行了详细介绍。在这里，只是给出一个大概的介绍，而重点关注的是对深度学习具有直接理论和实践意义的部分。

逻辑学是对数学基本原理的研究，因此它需要用到一些不确定的内容。这称为命题。命题通过符号 A、B、C、P、Q、...、A_1、B_1...来表示。通常情况下，前面的字母保留用于原子命题，而 P 和 Q 保留用于表示任意命题，既可以是原子命题，也可以是复合命题。复合命题是通过逻辑连接词将原子命题连接在一起而形成的，逻辑连接词包括 $\wedge$（"与"）、$\vee$（"或"）、$\neg$（"非"）、$\rightarrow$（"如果…然后"）以及 $\equiv$（"当且仅当"）。因此，如果 A 和 B 是命题，那么 $A \rightarrow (A \vee \neg B)$ 也是命题。除了表示否定的"非"连接词是一元的以外，其他所有连接词都是二元的。另外一个非常重要的概念是真值函数。直观地来说，原子命题的赋值要么是 0，要么是 1，复合命题根据其分量是 0 还是 1 而最终得到结果 0 或 1。因此，如果 $t(X)$ 是一个真值函数，那么当且仅当 $t(A)=1$ 且 $t(B)=1$ 时，$t(A \wedge B)=1$；当且仅当 $t(A)=1$ 或 $t(B)=1$ 时，$t(A \vee B)=1$；当且仅当 $t(A)=1$ 且 $t(B)=0$ 时，$t(A \rightarrow B)=0$；当且仅当 $t(A)=1$ 且 $t(B)=1$ 或者 $t(A)=0$ 且 $t(B)=0$ 时，$t(A \equiv B)=1$；当且仅当 $t(A)=0$ 时，$t(\neg A)=1$。我们的老朋友 XOR 在这里表示为 $XOR(A, B) := A \equiv B$。

上面描述的系统称为命题逻辑，可能需要对其稍加修改。下面简单介绍第一个修改形式，那就是模糊逻辑。直观地说，如果让允许的真值不仅仅是 0 或 1，而是扩展到 0 和 1 之间的实数值，即进入模糊逻辑的领域。这意味着，命题 A（假设 A 表示"这是锐减"）并不简单地是 1（"真"），而是可以具有值 0.85（"'准'真"）。我们将来会用到这个一般性的概念。模糊逻辑和人工神经网络之间的联系形成了一个巨大且活跃的研究领域，不过，在这里不能对此做细致、深入的介绍。

命题逻辑的主要延伸是按照属性、关系和对象进行分解。这样，命题逻辑中原本简单的 A 就变成 $A(x)$ 或 $A(x, y, z)$。在这里，x、y、z 称为变量，需要有一组有效的对象来作为它们的范围，也就是所谓的定义域。$A(x, y)$ 可以表示"x 在 y 之上"，结果是真是假取决于为 x 和 y 提供的值。因此，主要选项是提供两个常量 c 和 d，用于表示定义域的某些特定成员，比如说"台灯"和"桌子"。在这种情况下，$A(c, d)$ 为真。然而，也可以使用量词 $\exists$（"存在"）和 $\forall$（"对于所有"）来表示存在某些"蓝色"的对象，将其书写为 $\exists x B(x)$。如果定义域中存在任何蓝色对象，则结果为真。$\forall$ 也是如此，句法是相同的，只不过当定义域中的所有成员都为蓝色时，结果才为真。当然，你也可以组成像 $\exists x(\forall y A(x, y) \wedge \exists z \neg C(x, z))$ 这样的句子，原理是相同的。

我们也可以快速了解模糊一阶逻辑。在这里，有一个谓词 P（假设 $P(x)$ 表示"x 是易碎的"）和项 c（表示花盆）。在这种情况下，$t(P(c))=0.85$ 表示花盆是"准"易碎的。可以从另一个方面看待这个问题，即作为模糊集合：将 P 作为所有易碎品的集合，那么 c 属于模糊集合 P，隶属度为 0.85。

在逻辑学中，需要介绍一个非常重要的主题，那就是图灵机。在之前提到的由艾伦·图灵(Alan Turing)撰写的论文(参考文献[13])中讲到了图灵机,它是一种通用机器的原始模拟器。图灵机的外观比较简单,由两部分组成:纸带和读写头。纸带就是一张虚构的无限长的纸张,被划分为一个接一个的小格子。每个小格子可能包含一个点(•)、一个分隔符(#)或空白(B)。读写头可以读取并记住一个符号,在纸带上的一个小格子中写入或擦除一个符号。它可以移动到纸带上的任意小格子。可以认为,这个简单的设备能够计算任何可以计算的函数。换句话说,该机器的工作原理就是获取指令,任何可计算的函数都可以重写为该机器可以接收的指令。如果想要计算 5 与 2 相加的和,可以按照下面所述的方法来完成。

(1) 在第一个小格子写下空白。写下 5 个点、分隔符,然后是 3 个点。

(2) 返回到第一个空白。

(3) 读取下一个符号,如果是点,则记住它,向右移动,直到发现一个空白,在那里写下;否则,如果下一个符号是分隔符,则返回到开头并停止。

(4) 返回到该指令的步骤(2),从那里重新开始。

最后介绍逻辑门的定义。逻辑门是逻辑连接词的一种表示形式。"与"门接收两个输入,如果它们都是 1,则输出 1。对于"异或"门来说,如果其中一个输入为 1,则输出 1;如果两个输入都为 0,则输出 0,而如果两个输入都为 1,也会阻止(即生成 0)。有一种特殊的逻辑门,称为"表决"门。这种门接收 n 个输入(而不仅仅是 2 个输入),如果超过半数的输入为 1,则输出 1。"表决"门的一种一般化形式是"阈值"门,这种门具有一个阈值。如果 T 是阈值,那么当超过 T 个输入为 1 时,"阈值"门将输出 1,否则将输出 0。这是所有简单人工神经元的理论模型:从理论计算机科学的方面来看,它们就是"阈值"逻辑门,具有相同的计算能力。

逻辑门的一种自然物理解释就是,它们是一种电源开关,其中 1 表示有电流,0 表示没有电流。[1]绝大多数情况都可以正常处理(有些门无法实现,但可以通过组合其他门来获得),但是,有一种情况需要考虑,当输入为 0 时,"非"门会产生怎样的结果:它应该会生成 1,不过,这并不符合我们对电流的直观认识(如果在同一电路上放置两个开关并关掉一个,关掉另一个开关并不会生成 1)。这是直觉逻辑的一个有力的事实论据,表明 $\neg\neg P \to P$ 法则不成立。

---

1 严格来说,它的行为方式并不完全如此,这里只是一种简化的描述形式,不过已经足以满足我们的需要。

2.5　编写 Python 代码

现如今，机器学习已经成为与计算机密不可分的一个过程。这意味着，任何算法都使用程序代码来书写，当然，也就意味着必须选择一种语言。我们选择的是 Python。实际上，任何编程语言都只不过是一种代码规范。从这个意义上说，如果想要编写一个程序，你只需要打开一个文本文件，书写正确的代码，然后将文件扩展名从 .txt 更改为语言对应的扩展名。对于 ANSI C，扩展名为 .c，而对于 Python，扩展名为 .py。请记住，有效的代码是通过给定语言定义的，但所有程序代码只不过就是文本，并不是什么别的东西，并且可以使用任何文本编辑器进行编辑[1]。

可以对编程语言进行编译或解释。通过编译代码来处理编译型语言，而解释型语言使用另一种称为“解释器”的程序作为平台。Python 是一种解释型语言(ANSI C 是一种编译型语言)，这意味着需要使用一种解释器来运行 Python 程序。常用的 Python 解释器可以通过 python.org 获得，但我们建议使用 Anaconda，可以从 www.continuum.io/downloads 下载。目前，存在两个版本的 Python，即 Python 3 和 Python 2.7。建议使用最新版本的 Python，在本书编写之时，最新版本是 Python 3.6。在安装 Anaconda 时，所有步骤都使用默认选项，但询问你是否希望将 Anaconda 预置到路径时除外。如果你不确定这是什么意思，则选择“是”(默认设置为“否”)，否则你最后可能会进入“依存关系的地狱”。在 Anaconda 网页上提供了关于如何安装 Anaconda 的详细说明，请按照这些说明进行安装。

安装了 Anaconda 之后，必须创建 Anaconda 环境。打开命令提示符(Windows)或终端(OSX、Linux)，并键入 conda create -n dlBook01 python=3.5，然后按回车键。这将为 Python 3.5 创建一个名为 dlBook01 的 Anaconda 环境。TensorFlow 需要使用此版本。现在，必须在命令行中键入 activate dlBook01 并按回车键，这样可以激活你的 Anaconda 环境(提示符将更改为包含该环境的名

---

[1] 文本编辑器包括记事本、Vim、Emacs、Sublime、Notepad++、Atom、Nano、cat等。你可以随意试用各种编辑器，然后找出最适合自己的使用习惯的那种(绝大多数都是免费使用的)。你可能听说过所谓的IDE，也就是集成开发环境(Integrated Development Environments)。它们基本上就是包含附加功能的文本编辑器。你可能知道部分IDE包括Visual Studio、Eclipse和PyCharm。与文本编辑器不同的是，绝大多数IDE都不是免费使用的，但是，会提供一些免费版本和试用版本，在购买之前，你可以先进行试用。请记住，从本质上来说，并不存在IDE可以完成但文本编辑器无法完成的操作，不过，使用IDE确实可以提供更多的便利。就个人的喜好来说，我比较喜欢使用Vim。

称)。只要命令提示符打开，该环境就会一直保持激活状态。如果关闭命令提示符，或者重启计算机，则必须再次键入 `activate dlBook01` 并按回车键。

在该环境中，你应该从 `https://www.tensorflow.org/install/`安装 TensorFlow。激活环境以后，你应该输入命令 `pip install -upgrade tensorflow` 并按回车键。如果此操作不起作用，则输入 `pip3 install -upgrade tensorflow` 并按回车键。如果仍然不起作用，请尝试解决问题。解决问题的常见方法是打开应用程序的官方网页，然后按照其中的说明进行操作，如果仍然失败，请尝试在常见问题解答部分找到解决方法。如果还是无法解决问题，请尝试访问 `stackoverflow.com` 并在其中寻找答案。如果找不到满意的答案，你可以在网站社区中寻求帮助，通常情况下，在几小时内就会有人针对你的问题给出回复。最后一步是安装 Keras。请检查 `keras.io/#installation`，看看是否需要任何依存项，如果一切准备就绪，只需要键入 `pip install keras`。如果 Keras 安装失败，请参考 `keras.io` 上的相关文档，如果在文档中找不到解决方法，可以再次向 StackOverflow 寻求帮助。

所有各项都安装完成以后，在命令行中键入 `python` 并按回车键。这将打开 Python 解释器，然后显示一行或两行文字，你应该可以在其中找到"Python 3.5"和"Anaconda"字样。如果没有出现这些内容，请尝试重启计算机，然后再次激活 Anaconda 环境，并尝试再次键入 `python`，看看问题是否得到解决。如果这样不能解决问题，请向 StackOverflow 寻求帮助。

如果成功打开了 Python 解释器(在显示的文字中可以找到"Python 3.5"和"Anaconda…")，将出现显示为＞＞＞样子的新提示符。这是标准的 Python 提示符，可以解释任何有效的 Python 代码。可以试着键入 2+2 并按回车键。然后试着键入"2"+"2"，这将得到"22"。接下来试着写入 `import tensorflow`。此时应该只会出现一个新的带有＞＞＞的提示符。如果显示出错，请向 StackOverflow 寻求帮助。接下来，执行同样的操作来验证 Keras 安装是否存在问题。验证过程完成以后，安装即告完成。

本书的每一节都会包含一个代码段。对于每一节，应该创建一个文件，将该节中的代码复制到该文件中。只有介绍神经语言模型的一章中存在例外。在那一章中，两节的代码应该放在一个文件中。将代码保存到文件以后，打开命令行，导航到包含代码文件(将该文件命名为 `myFile.py`)的目录，激活 `dlBook01` 环境，键入 `python myFile.py` 并按回车键。将执行该文件，在屏幕上输出相应的内容，有可能是创建其他一些文件(具体取决于代码的内容)。请注意命令 `python` 与 `python myFile.py` 的差别。前者将打开 Python 解释器，允许你在其中键入代码，而后者将在 Python 解释器中运行指定的文件。

2.6 Python 编程概述

在上一节中，已经讨论了Python、TensorFlow和Keras的安装，以及应该如何创建一个空的Python文件。接下来，将介绍如何在文件中填充代码。在这一节中，我们将为大家介绍Python中的基本数据结构和命令。你可以将我们在这一节中介绍的所有内容都放在一个Python文件(将其命名为testing.py)中。如果想要运行该文件，只需要保存该文件，打开命令行并转到该文件所在的位置，然后键入python testing.py。一开始，先写下文件的第一行。

```
print("Hello, world!")
```

这行代码由两部分组成，字符串(一种简单的数据结构，相当于一系列单词)"Hello world!"以及函数print()。该函数是一个内置函数，拥有一个非常适合Python随附的预包装函数的名称。可以使用这些预包装函数定义其他更为复杂的函数，后面很快就会这样做。如果想要了解所有内置函数的列表及其对应的解释，可以访问https://docs.python.org/3/library/functions.html。如果此链接或者其他任何链接已经过时，只需要使用搜索引擎找到正确的网页即可。

在 Python 中，最基本的概念之一是类型。Python 包含很多类型，不过，需要用到的最基本的几个类型包括字符串(str)、整数(int)以及小数(float)。正如前面所提到的，字符串指的是单词或单词系列，int 类型指的是整数，而 float 类型(浮点数)指的是小数。在命令行中键入 python，将打开 Python 解释器。键入"1"==1，结果将返回 False。该关系连接符号(==)表示"相等"，在这里，要求 Python 评估"1"(一个字符串)是否等于 1 (一个整数)。如果将==替换为!= (该关系连接符号表示"不相等")，则 Python 将返回 True。

之所以会出现这种情况，问题就在于Python无法将整数转换为字符串，反过来也是一样，但是，你可以尝试告诉Python int("1")==1或者"1"==str(1)，看看会发生什么情况。有意思的是，Python可以将整数转换为浮点数，反之亦然，因此，1.0==1的结果为True。请注意，运算符+具有两层含义，对于整数和浮点数，它指的是加法运算，而对于字符串，它指的是连接(即将两个字符串连接到一起)："2"+"2"=="22"将返回True。

回到文件 testing.py。可以使用基本函数来定义更为复杂的函数，如下所示。

```
def subtract_one(my_variable):          # 这是代码的第一行
    return (my_variable - 1)            # 这是第二行...
print(subtract_one(53))
```

我们深入地剖析上述代码，因为它是任何更为复杂的 Python 代码的基础。代码的第一行定义(使用命令 def)一个名为 subtract_one 的新函数，该函数接收单个值，表示为 my_variable。该行结尾有一个冒号，旨在告诉 Python 将给出更多的说明。符号#表示后面的内容是注释，直到该行结束为止。注释指的是 Python 代码文件中的一段文字，解释器一般会忽略这部分内容，可以在注释中输入任何内容，既可以是备注信息，也可以是备用代码。

第二行以 4 个_开头，它们表示空格(在文本中按空格键输出的字符，在文本中的单词之间一般都会看到)。由 4 个空格组成的空白块称为缩进。还有另外一种方式可以替代由 4 个空格组成的空白块，即使用一个制表符，不过，需要通篇保持一致：如果你在一个文件中使用了空格，则在整个文件中都应该使用空格。在本书中，使用空格。在空格后面，代码行有一个 return 命令，它表示完成函数并返回 return 语句后面的内容。在我们的示例中，函数将返回 my_variable - 1 (括号只是为了确保 Python 不会错误地理解要从函数返回的内容)。在此之后，又有一个新注释，由于解释器会忽略这部分内容，因此，可以在这里写下任何内容。

第三行已经不再是函数的定义，因此没有缩进，它实际上是调用内置函数 print，输出我们定义的函数在输入值为 53 时的结果。请注意，如果没有 print 函数，我们的函数仍会执行，但我们在屏幕上看不到任何内容，因为函数本身不输出任何内容，所以，需要添加 print 函数。你可以尝试对定义的函数进行修改，使其输出结果，但请记住，需要先定义再使用(也就是说，简单的复制/粘贴是不行的)。通过这个例子，你可以很好地理解 print 和 return 之间的交互作用。在 Python 中，由前面带有缩进符的行构成的每个完整缩进代码段(函数定义)被称为一个代码块。到目前为止，只看到了定义块，不过，其他块的作用方式与此相同。其他块包括 for 循环、while 循环、try 循环、if 语句[1]等。

在 Python 中，最基本也是最重要的运算之一是变量赋值运算。该运算实际上就是在一个新变量中放置一个值。它是通过命令 newVariable ="someString"来完成的。可以使用赋值命令为某个变量赋予任何值(任意字符串、浮点数、整数、列表、字典等)，此外，还可以重用变量(在这种情况下，变量仅仅是指该变量的名称)，但是，变量只会保留最近的赋值。

---

1 千万不要将其称为"if 循环"，因为这样称呼是不对的。

下面再来介绍字符串。获取字符串'testString'。Python 允许将字符串放在单引号或双引号中，但是，结束字符串的符号必须与开始字符串的符号相同。空字符串表示为"或""，它是任何字符串的子字符串。尝试打开 Python 解释器并写入"test" in 'testString'、"text" in 'testString'、"" in "testString"，甚至是"" in ""，看看会发生什么情况。此外，还可以键入 len("Deep Learning")和 len("")。这是一个内置函数，可以返回一个可迭代对象的长度。可迭代对象指的是字符串列表、字典以及其他任何由多个部分组成的数据结构。浮点数、整数和字符不是可迭代对象，Python 中的其他绝大多数数据结构都是可迭代对象。

此外，你也可以获取一个字符串的子字符串。要执行此操作，可以先将字符串赋值给某个变量并使用该变量进行操作，或者也可以直接使用字符串进行操作。在解释器中写入 myVar = "abcdef"。接下来，尝试告诉 Python 执行 myVar[0]。这会返回该字符串的第一个字母。这里为什么要使用 0 呢？原因在于，Python 使用从 0 开始的整数开始对可迭代对象编制索引，这意味着，想要获取可迭代对象的第一个元素，你需要使用索引 0。同时，这也意味着每个 string 都有 N-1 个索引值，其中 N=len(string)。如果想要从 myVar 中获取 f，可以使用 myVar[-1](这表示"最后一个元素")，也可以使用更为复杂的形式 myVar[(len(myVar)-1)]。大家一般都会使用-1 这种变体形式，但要记住，这两种表达方式是等价的，这一点非常重要。也可以使用这种表示法将字符串中的一个字母保存到变量中。键入 thirdLetter = myVar[2]可以将"c"保存在变量中。此外，通过这种方式，还可以提取子字符串。尝试键入 sub_str = myVar[2:4]或 sub_str = myVar[2:-2]。这两种命令形式的意思就是提取索引 2~4 (或者从 2~-2)对应的值。这种方法适用于 Python 中的任何可迭代对象，包括列表和字典。

列表是一种 Python 数据结构，可以保存各种各样的单个数据。列表使用方括号括住各个值。举例来说，[1,2,3,["c",[1.123,"something"]],1,3,4]就是一个列表。该列表包含另一个列表作为它的一个元素。还要注意的是，列表不会省略重复值，而且，在列表中顺序是有意义的。如果你想将值 1.234 添加到列表 myList，只需要使用函数 myList.append(1.234)即可。如果需要使用空列表，只需要使用新变量初始化一个即可，例如 newList = []。前面针对字符串介绍的 len( )和索引表示法同样可以用于列表。语法是相同的[1]。尝试初始

---

1 在编程专业术语中，当我们说"语法是相同的"或者"你可以使用类似的语法"时，意思就是你应该尝试重新生成相同的样式，但使用新的值或对象。

化空列表，然后向其中添加内容，也可以将列表初始化为已经显示的列表形式(请记住，必须将列表赋值给一个变量，以便能够在多行代码中使用它，就像字符串或数字一样)。此外，可以在 StackOverflow 上找到更多方法，比如官方 Python 文档中的 `append()`，然后在测试文件或 Python 解释器中反复使用这些方法。这么做的主要目的就是逐渐熟悉 Python 并扩充相关知识。编程工作在一开始是非常枯燥乏味的，也会遇到很多困难，但是，如果你能全心投入，很快就会变得轻松且充满乐趣，而且，这真的是一项非常重要且有价值的技能。另外，如果一开始有些代码无法正常运行，千万不要放弃，可以针对每一部分尝试运行 `print()`，确保其有效并且可以正常连接，然后搜索 StackOverflow 查找解决方法。如果你开始全职从事编码工作，一般每天编写代码的时间最多不超过 2 小时，剩余的时间都用于对代码进行更正和调试。这种情况非常正常，调试代码并使其能够正常运行是编码工作中必不可少的环节，也是非常重要的一个环节，千万不要因此而感到沮丧或放弃。

列表包含元素，你可以使用元素的索引来检索列表的元素。这是检索列表元素的唯一有效方式。此外，还有另外一种与列表类似的数据结构，但它并不使用索引，而是使用用户定义的关键字来提取元素。这种数据结构称为字典。举例来说，`myDict={"key_1":"value_1", 1:[1,2,3,4,5], 1.11:3.456, 'c':{4:5}}` 就是一个字典。这是一个具有 4 个元素的字典(`len()` 等于 4)。以第一个元素为例进行说明，它包含两个分量，一个键(也就是关键字，它的角色相当于列表中的索引)和一个值(相当于列表中的元素)。可以使用任何内容作为值，但对于可以用作键的内容存在一定的限制，只有字符串、字符、整数和浮点数可以用作键，不允许使用字典或列表作为键。假定想要检索上述字典的最后一个元素(对应的键为 `'c'`)。为此，可以使用 `retrieved_value=myDict['c']`。如果要插入新元素，不能使用 `append()`，因为需要指定键。为插入新元素，只需要在 Python 中使用 `myDict['new_key']='new_value'`。你可以根据需要使用任何值作为值，但要记住对键的限制。如果想要初始化空字典，可以采用与初始化列表时相同的方式，但需要使用花括号。

我们必须做一个备注说明。大家应该还记得吧，我们之前说过，可以使用列表表示向量。也可以使用列表表示树(数学结构)，但对于图表来说，需要使用字典。标记树可以通过多种方式来表示，但最常见的方式是使用列表的成员来表示分支。这意味着整个列表表示根，其元素表示根后面的节点，而元素的元素再表示节点后面的节点，以此类推。对于 `tree_as_list[1][2][3][0][4]` 这种表示形式，它表示一个分支，也就是通过如下途径得到的分支，从根下分出来的第二个分支，从该分支再往下分出来的第三个分支，从该分支再往下分出来的第四个分支，从该分支再往下分出来的第一个分支，从该分支再往下分出来的第五个分支(要记住，Python 从 0 开始编制索引)。对于图表，使用节点标签作为键，然后对于值，传入包含针对给定节点可以访问的所有节点的列表。因此，如果有一个字典元素 3:[1,4]，它表示从标记为 3 的节点，可以访问标记为 1 和 4 的节点。

　　Python 包含内置函数和定义函数，不过，除此之外，还存在很多其他函数、数据结构和方法，它们可以从外部库获得。其中有一些包含在基本 Python 捆绑包中，比如模块 time，如果要使用该模块，你需要做的仅仅是在 Python 文件的开头或在启动 Python 解释器命令行时写入 import time。还有一些需要首先通过 pip 进行安装。之前，我们曾建议大家安装 Anaconda。Anaconda 其实就是在 Python 的基础上预安装了一些最常用的科学库。Anaconda 包含很多有用的库，但我们最需要的是 TensorFlow 和 Keras，因此，通过 pip 安装了它们。当编写代码时，将使用诸如 import numpy as np 的行来导入它们，这个示例代码行将导入整个 Numpy 库(使用数组进行快速计算的库)，但同时指定 np 作为快速名称，在当前整个 Python 文件中都将使用这个名称来指代 Numpy。[1]漏掉导入语句是一种常见的错误，因此，请一定要认真检查使用的所有导入语句。

　　接下来，再来看看另外一个非常重要的块，那就是 if 块。if 块是一种简单的代码块，用于在代码中表示分叉。这种类型的块非常简单，其意思一目了然，因此，在这里不做过多的解释说明，直接来看一个例子。

```
if condition==1:
    return 1
elif condition==0:
    print("Invalid input")
else:
    print("Error")
```

　　每个 if 块都依赖于一条语句。在我们的例子中，该语句就是为一个名为 condition 的变量赋值 0 或 1。然后，代码块对语句 condition==1 进行求解(判断 condition 中的值是否等于 1)，如果结果为真，则继续执行缩进的部分。在这里，

---

1 需要注意的是，尽管我们为库指定的名称是任意的，但在Python用户中一般都会使用标准的缩写形式。比如，np表示Numpy，tf表示TensorFlow，pd表示Pandas，等等。了解这些非常重要，因为在StackOverflow上，你可能会找到一种解决方案，但其中不包含导入语句。因此，如果解决方案的某个位置具有np，这就表示你应该通过一行来导入Numpy，并为其指定名称np。

只是将这部分指定为 return 1,意思就是,当这个 if 块成立时,整个函数的输出为 1。如果语句 condition==1 的结果为假,Python 将继续执行 elif 部分。elif 实际上就是 else-if 的简写形式,意思就是你可以指定另外一个语句进行检查,在这里,我们放入语句 condition==0。如果该语句的求值结果为真,则将输出字符串 "Invalid input",同时不返回任何内容。[1]在 if 块中,必须只有一个 if,可以不包含 else,或者只包含一个 else,elif 的数量可以根据需要确定(也可以不包含)。这里的 else 语句是要告诉 Python,如果我们的条件都不满足,应该执行什么操作(我们的两个条件是 condition==0 和 condition==1)。请注意,变量名称 condition 和条件本身完全可以任意选择,你可以使用对程序有意义的任何内容。此外,还要注意,每个条件语句都是以 :结尾的,漏掉冒号是初学者经常会犯的错误。

在 Python 中, for 循环是用于将相同的过程应用于某个可迭代对象的所有成员的主要循环。为了更好地解释说明,我们来看一个例子。

```
someListOfInts = [0,1,2,3,4,5]
for item in someListOfInts:
    newvalue = 10*item
    print(newvalue)
print(newvalue)
```

第一行定义循环:它有一个 for 部分,告诉 Python 它是一个 for 循环,紧随其后的是一个虚拟变量,将其称为 item。在每次传值之后,该变量的值都会发生变化,后续在循环结束后,会为其赋值 None。someListOfInts 是一个整数列表。使用函数 range(k,m)创建整数列表是更常见的方法,其中 k 是起始点(可以省略,这种情况下默认值为 0), m 是边界: range(2,9)将创建列表[2,3,4,5,6,7,8][2]。缩进的代码行针对每个 item 执行操作,在我们的例子中,它们将每个 item 乘以 10,然后将结果输出。最后一个非缩进代码行只是显示在整个 for 循环结束后 newvalue 的最后一个值(也就是当前值)。需要注意的是,如果将 for 循环中的 someListOfInts 替换为 range(0,6)或者 range(6),代码的运行结果是完全相同的(当然,如果做了这样的替换,你就可以删除 someListOfInts = [0,1,2,3,4,5]行)。希望读者多多练习使

---

1 在Python中,从技术的角度来说,每个函数都会返回内容。如果没有使用return语句,函数将返回None,这是一个特殊的Python关键字,表示"无"。这是一个比较细微的情况,不太容易被人察觉,也正是因为这样,可能会导致许多中间级别的错误,因此,现在我们不考虑这一点。

2 在Python 3中,这种情况下创建的列表已经不再完全是这样,但就我们现在所处的Python学习阶段来说,这只是一个小问题。大家需要知道的是,你完全可以放心,两个列表的行为方式是完全相同的。

用 for 循环，这种循环在以后的编程工作中会起到非常重要的作用。

上面已经看到了 for 循环的工作方式。它接收一个可迭代对象(或者使用 range()函数创建一个)，然后对该可迭代对象中的元素执行相应的操作(通过缩进代码块来指定)。除了 for 循环以外，还有另外一种循环，称为 while 循环。while 循环并不接收可迭代对象，而使用一条语句，只要该语句为真，就执行缩进代码块中的命令。这里所说的"只要该语句为真"并不像表面上看起来的那么难以理解，因为定义的语句会在缩进代码块中进行修改(其真值会在后续传值中发生变化)。举一个例子，有一个简单的温度自动调节器程序，它会控制将房间升温到 20℃。

```
room_temperature = 14
while room_temperature != 20:
    room_temperature = room_temperature + 2
    print(room_temperature)
```

请注意上述代码的脆弱性。如果将 room_temperature 设定为 15，那么代码将无限运行下去。这表明，在使用这种循环结构时必须格外小心谨慎，因为对某个参数稍作更改就有可能会出现很大的错误。这并不是 while 循环独有的特征，而是一个非常普遍的编程问题，不过，在这个例子中，这一缺陷可以非常轻松地显现出来，并且可以轻而易举地予以更正。如果想要更正这个错误[1]，你可以使用 while room_temperature < 20:，也可以将温度更新幅度从 2 改成 1，不过，前一种方法(使用<替换!=)更为健壮。

在常规的计算机科学术语中，一个有效的 Python 字典被称为一个 JSON 对象[2]。这似乎有点怪异，但字典确实是跨各种应用程序和语言存储信息的一种好方法，我们希望其他不使用 Python 或 JavaScript 的应用程序也能够使用和处理存储在 JSON 中的信息。如果想要创建一个 JSON 对象，可以在一个名为 something.json 的纯文本文件中编写一个有效的字典。你可以使用下面的代码来执行此操作：

```
employees={"Tom":{"height":176.6}, "Ron":{"height":
180, "skills":["DIY", "Saxophone playing"], "room":12},
```

1　注意观察例子中的代码，它现在是可以接受的，不存在我们说的无限运行的问题，但是，实际上其中是包含错误的，因为，如果房间温度变为奇数而不是现在设定的偶数时，就会产生问题。

2　JSON是JavaScript Object Notation的简写形式，JSON(即Python字典)在JavaScript中被称为对象。

```
"April":"Employee did not fill the form"}
with open("myFile.json", "w") as json_file:
    json_file.write(str(employees))
```

你可以额外指定一个指向该文件的路径，例如，可以书写为 Skansi/
Desktop/myFile.json。如果不指定路径，文件将写入你当前所在的文件夹。
如果想要打开文件，也是同样的道理。要打开一个 JSON 文件，可以使用下面的
代码(在写入或读取文件时，可以使用编码参数)。

```
with open("myFile.json", 'r', encoding='utf-8') as text:
    for line in text:
        wholeJSON = eval(line)
```

可对上述代码进行修改，使其可以写入任何文本，而不仅仅是 JSON，不过，这
样的话，需要在打开时检查并处理所有行，而在写入文件时，可能需要使用 a
作为参数，从而使其执行追加操作(使用 w 实际上是进行覆盖)。我们对 Python 的
简单介绍到这里就结束了。我们在这里借助了一些互联网上的资源，再加上一些
实验性的练习，相信对于那些之前对这方面的知识一无所知的新手来说，已经足以
能够帮助他们入门了，不过，还是应该到网上搜索一些针对初学者的课程，毕竟
本书只是对 Python 进行了简单的介绍，并没有做深入、详细的探讨。如果读者对
此比较感兴趣，向大家推荐 Udacity 上大卫·埃文斯(David Evans)的免费课程
(www.udacity.com，Introduction to Computer Science)，当然，大家也可以根据
自己的情况选择其他好的入门课程。

第 3 章

机器学习基础知识

机器学习是人工智能和认知科学的一个子领域。在人工智能中，机器学习分为三个主要的分支：监督学习、无监督学习和强化学习。深度学习是机器学习中的一种特殊方法，它涵盖上述三个分支，此外，它还寻求在此基础上进一步扩展，从而解决人工智能领域中通常并未包含在机器学习子领域中的其他问题，例如知识表示、推理、计划等。本书将为大家介绍监督学习和无监督学习。

这一章将介绍常规机器学习的基础知识。这些知识并不属于深度学习的范畴，却是我们精心挑选出来的一些必备知识，可以帮助大家轻松、快速地领会和掌握深度学习所需的各种基本概念。当然，这里只是进行简单的介绍，并不是完整、详备的论述，如果想要获取更为全面的论述，建议读者阅读参考文献[1]或者其他任何经典的机器学习教科书。如果有读者想要了解针对知识表示和推理的 GOFAI 方法，建议阅读参考文献[2]。本章的第一部分将为大家介绍监督学习及其相关术语，而最后一部分主要介绍无监督学习。在这里，不会介绍强化学习，如果有读者对这方面的内容感兴趣，可以阅读参考文献[3]，其中包含对强化学习的全面论述。

3.1 基本分类问题

监督学习实际上就是分类。然而，大量的问题都可以被看成分类问题。例如，在一张图片中识别一辆汽车的问题，这个问题可以被看成将这张图片分类到以下两个类别之一："包含汽车"或"不包含汽车"。预言也是如此：如果我们需要制定一个细价股的投资组合，则可以将其修改为以下形式的分类问题："入选！会增长 400%或更多"或者"不，淘汰"。

当然，关键是要有一个足够好的分类器。有两个选项可供选择，针对特定属性或属性组合手动进行选择(例如，股票在过去两天是否触底、呈现 RSI 背离趋势、低开高走)，或者，我们可能对所需的属性并不了解，只是说"看，我有 5000 个好示例和 5000 个坏示例，将它们输入某种算法，让算法来确定第 10001 个属性更接近于好的，还是更接近于坏的"。后者就是典型的机器学习方法。前者被称为知识工程、专家系统工程或(历史术语)黑客。在这里重点介绍机器学习方法。

下面介绍"分类"是什么意思。假设有两类动物，"狗"和"非狗"。在图 3.1 中，每条狗都使用×进行标记，而所有"非狗"(你可以将它们认为是"猫")都使用○进行标记。我们拥有它们的两个属性，它们的身长(Length)和体重(Weight)。每个特定的动物都有与其关联的这两个属性，它们共同构成了一个数据点(空间中的一个点，空间轴就是这两个属性)。在机器学习中，属性被称为特征。动物可以具有一个标签或徽章以指名它是什么：标签可能是"狗"/"非狗"，或者就是简单的"1"/"0"。需要注意的是，如果我们具有多类别分类的问题(例如"狗""猫""豹猫")，可以先执行"狗"/"非狗"分类，然后针对"非狗"数据点再执行"猫"/"非猫"分类。不过，这种方法相当复杂、烦琐，我们希望开发一些适合多类别分类的方法，可以快速完成，而不需要使用 $n-1$ 个二元分类进行变换。

再回到图 3.1，假设有三个属性，第三个是身高(Height)。这种情况下，需要使用三维坐标系或空间。一般来说，如果有 n 个属性，就需要一个 n 维坐标系。这可能让人很难想象，然而可以观察二维和三维情况下的样子，然后加以一般化：看看具有二维坐标(38, 7)的两个动物[在图 3.1(a)中×和○重叠的位置]。我们无法区分它们，如果一个新的动物也具有这个身长和体重，那么我们无法判断它究竟是什么。

不过，看看图 3.1(b)中的"俯视图"，其中添加了一个 z 轴：如果知道一个动物的身高(z 坐标)是 20，另一个动物的身高是 30，那么，可以在这个三维空间中轻松地将它们区分。但是，如果想要在它们之间画一条边界(实际上，这种边界绘制是分类的重要组成部分，也是它的精髓所在)，则需要一个平面，而不是一条线。重要的是，添加新特征并将图表扩展到新的维度可以为我们提供一些新的分类方法，可以区分在维度较低情况下难以甚至根本无法区分的对象。比如，对于 37 维空间，应该有这样的直观认识：它是 36 维空间的扩展，增加了一个额外的属性，从而使我们能够(希望如此)更好地辨别在 36 维空间中无法辨别的对象。在四维或更高维度的空间中，划分猫和狗的这个平面就是所谓的超平面，它是机器学习中最重要的概念之一。当我们在 n 维空间中拥有可以区分两个类别的超平面以后，对于一个未标记的新数据点，只需要看看它归属在"狗"一侧还是"非狗"一侧，即可知道它(可能)是什么。

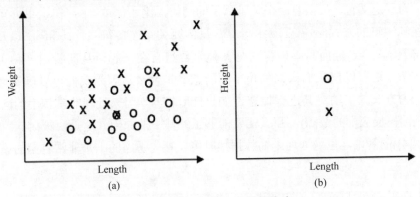

图 3.1　添加一个新的维度

接下来介绍比较难的那一部分，就是如何绘制好的超平面。回到二维领域，其中只有一条线(不过，仍然将其称为"超平面"，以便向大家反复灌输这个术语)，同时需要观察一些示例。×和○分别表示狗和猫(标记数据点)，小方形表示新的未标记数据点。需要注意的是，我们拥有这些新数据点的所有属性，只是缺少标签，需要找出正确的标签。我们甚至知道如何找出它们的标签：看看数据点位于超平面的哪一侧，然后为其添加超平面这一侧对应的标签[1]。现在，只需要找出定义超平面的方法。我们面临一个基本的选择：应该忽略标记数据点并通过其他某种方法来绘制超平面，还是应该使绘制的超平面与现有的标记数据点很好地拟合？前一种方法似乎是典型的不合理的方法，而后一种方法正是机器学习方法。

下面对图 3.2 中绘制的不同超平面做一个说明。超平面 A 基本上没有什么用。它唯一的可取之处在于，按照这种方法划分数据点，可以看到"狗"一侧包含的狗确实比非狗多，而"非狗"一侧包含的非狗确实更多一些。但是，这样做似乎根本无法获得任何有用的数据。超平面 B 与此类似，但它有一个有趣的特征，那就是在"非狗"一侧，所有数据点都是非狗。如果新的数据点落入这一侧，可以

---

1 你可能想要知道某一侧如何获得标签，对于各种机器学习算法来说，这个过程会有所不同，而且有很多的特质，但现在来说，你可以简单地认为，某一侧所获得的标签就是这一侧的绝大多数数据点所具有的标签。通常情况下，这种说法都是正确的，但并不是一个非常好的定义。在一种情况下，这样认为是不正确的，这种情况就是只有一只狗，有两只猫与它重叠(在二维空间中)，然后还有4只其他猫。绝大多数分类器都会将这只狗和与其重叠的两只猫归入"狗"的类别。类似这样的情况非常少见，却非常有意义。

非常确定它就是一只猫。而在另一侧，情况就不是那么好了。但是，如果在市场营销环境中重新考虑这个问题，即○表示最有可能购买某种产品的人，那么像 B 这样的超平面可以提供一个非常有用的划分标准。超平面 E 甚至比超平面 A 还要糟糕，不过，为了定义它，只需要一个关于体重的阈值，比如体重＞5。在这里，可以通过一些纯逻辑的方式(不需要算术运算，只需要关系连接符＜、＞和＝，以及逻辑连接符∧、∨、¬)轻而易举地将它与其他参数组合在一起，从而找出一种更好的划分方法。这可以使我们认识到超平面的意义是什么，因为我们可以确切地知道它的行为方式并手动对其进行调整。如果使用机器学习来处理非常棘手的问题(例如，预测核反应堆的故障)，那么需要能够了解其中的原因。这是决策树学习(见参考文献[4])的基础，也是处理未知数据集时可以首先考虑的一个非常有用的模型。[1]

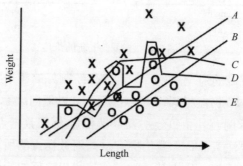

图 3.2　不同的超平面

超平面 D 看起来很不错，它可以将所有×划分到一侧，将所有○划分到另一侧。那么，为什么不使用它呢？注意一下它如何捕获到中间的○。我们可能会担心超平面与现有数据完美拟合的情况，因为数据中总会存在一些噪点[2]，落入此处的某个新数据点可能刚好是×。可以这样考虑，如果此处没有○，你是否仍然认为同样的弯曲路线是正确的？答案可能是否定的。如果○总数中有 25%在这里，是否可以证明这样的弯曲路线是正确的？答案可能是肯定的。因此，为了能够证明这样的弯曲路线是正确的,对于我们需要看到的○的数量似乎有一个模糊极限。重要的是，对于新实例来说，我们希望分类器要足够好，对于旧实例 100%有效的分类器可能会从数据点中既学到必不可少的重要信息，同时也学到一些噪点数据。超平面 C 是一种比较合理的划分方式，非常好，不过在精度方面似乎要比超平面 D 差一些。它并不是完美的，但是，它似乎可以捕捉到数据中的一般趋势。

---

1 数据集其实就是一组数据点，有些添加了标记，有些没有添加标记。

2 噪点其实就是数据中存在的随机振荡的数据点的名称。它们是存在的缺陷，我们不希望通过学习来预测噪点，而是预测与我们所需内容实际相关的元素。

不过，对于超平面 A、B，特别是超平面 E 来说，它们的形式非常简单，而我们通常都希望事情尽可能简单。我们来看看能否实现这种简单。如果使用拥有的特征来创建新特征会怎么样？我们已经看到，可以添加新特征，比如上面示例中添加的身高，但是，能否试着仅使用已有的特征来构建新特征？试着在 z 轴上绘制一个新特征 $\dfrac{\text{Length}}{\text{Weight}}$（图 3.3 中的俯视图）。现在，我们看到，实际上可以在三维空间中通过一条简单的直面来分离两个类别。当可以在 n 维空间中使用"直"超平面来分离[1]两个类别时，就说这两个类别线性可分。通常情况下，可以找到这样一个特征，将这个特征添加为新维度以后，就可以使两个类别(几乎)线性可分。可以手动添加特征，这种情况被称为特征工程，不过，我们更希望通过算法来自动完成此操作。机器学习算法就是基于这一理念产生的，它们可以实现整个过程的自动化。它们拥有一种线性分离器，它们会尝试通过线性分离器找出满足以下条件的特征：当添加了这些特征以后，类别就变得线性可分。深度学习也是如此，它是自动查找特征最强大的方式之一。尽管后面深度学习会为我们执行此操作，但为了更好地了解深度学习，还是应该了解手动过程，这也是非常重要的。

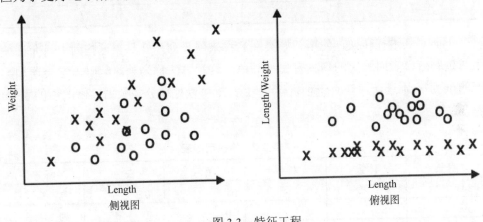

图 3.3　特征工程

到目前为止，我们已经介绍了数值特征，例如身高、体重和身长。它们都有两方面的具体表现。首先，顺序很重要：1 在 3 之前，3 在 14 之前，由此可以推导出 1 在 14 之前。之所以使用"之前"而不是"小于"，是经过认真考虑而有意为之的。第二点就是，可以对其执行加法和乘法运算。另外一种不同类型的特征是有序特征。这种特征具备数值特征的第一个属性，也就是前面所说的"之前"，

---

1 不要求一定是完美分离，只要是效果良好的分离就可以。

但不具备第二个属性。想象一下比赛中的最终排名：在比赛中，有人是第二名，有人是第三名，有人是第四名，但这并不意味着第二名与第三名之间的距离和第三名与第四名之间的距离相等，然而，名次顺序仍然是成立的(第二名在第三名之前，第三名在第四名之前)。如果我们的特征不具备上述任何一个属性，则称其为分类特征。这里，只是使用了类别的名称，不要从中做任何推断。狗的颜色就是这种特征的一个示例。各种颜色没有"中间"的概念，也没有顺序之分，不同的仅仅是类别。

分类特征非常常见。机器学习算法不能原样接受分类特征，它们必须经过转换。我们看看表 3.1 所示的包含分类特征"颜色"的初始表。

表 3.1   初始表

身长	体重	颜色	标签
34	7	黑色	狗
59	15	白色	狗
54	17	棕色	狗
78	28	白色	狗
⋮			

下面对其进行转换，使用初始类别名称来展开列，并且在这些列中只允许使用二进制值，表明给定的狗具有哪种颜色。这种方法称为独热编码，它会增加数据的维度[1]，不过，现在有一种机器学习算法[2]可以处理分类数据。修改后的表[3]如表 3.2 所示。

表 3.2   修改后的表

身长	体重	棕色	黑色	白色	标签
34	7	0	1	0	狗
59	15	0	0	1	狗
54	17	1	0	0	狗
78	28	0	0	1	狗
⋮					

---

1 思考一下独热编码如何增强对 n 维空间的理解。

2 深度学习也可以。

3 请注意，为了执行独热编码，需要对数据执行两项操作：首先收集新列的名称，然后创建这些列；接下来，需要对数据执行另一项操作，那就是填写到表中。

在本节的最后，对所有监督机器学习算法的输入和输出做一个简单的说明。每个监督机器学习算法都会接收一组训练数据点和标签(它们属于行向量)。在这一阶段，算法会通过调整其内部参数来创建一个超平面。这一阶段被称为训练阶段：它会接收带有对应标签的行向量作为输入(称为训练样本)，但不会给出任何输出。实际上，在训练阶段，算法只是调整其内部参数(并通过调整内部参数创建超平面)。下一阶段称为预测阶段。在这一阶段，经过训练的算法会接收大量的行向量，但这一次不包含标签，然后利用超平面创建标签(根据行向量最终位于超平面的哪一侧)。行向量本身就像表 3.2 中的行，因此，对于表 3.2 来说，对应于第三行中的训练样本的行向量就是(54, 17, 1, 0, 0, 狗)。如果是需要预测标签的行向量，其包含的元素是一样的，只不过在最后不包含"狗"标记。[1]

3.2　评估分类结果

在上一节中，介绍了分类的基础知识，不过，基本上没有涉及其中比较困难的环节，那就是创建超平面。这个问题留到下一节再讨论。在这一节中，假定已经拥有一个可以正常工作的分类器，然后看看其生成的结果是不是可以接受。我们来看看图 3.4。

图 3.4 中演示的是一个名为 C 的分类器，用于对×进行分类。这是该分类器要完成的任务，请始终记住这一点，这非常重要。黑色线条是超平面，灰色区域是 C 分类为×的区域。从 C 的角度来说，灰色区域内的所有数据点都是×。而灰色区域外的所有数据点都不是×。对于各个数据点，已经根据它们实际上是×还是○，使用×或○对其进行了标记。我们立即可以看到，实际情况与 C 确定的结果有所不同，对于以经验为依据的分类任务，经常会出现这种情况。直观地说，可以看到该超平面还是比较合理的，但是，我们想要定义客观的分类指标，它们可以告诉我们某个分类器的效果如何，如果有两个或更多分类器，哪个分类器的效果是最好的。

---

1 严格说，两个向量并不是完全相同的：训练样本是(54,17,1,0,0, 狗)，这是一个长度为6的行向量，而要预测标签的行向量的长度应该是5 (不包含最后一个分量，也就是标签)，例如(47,15,0,0,1)。

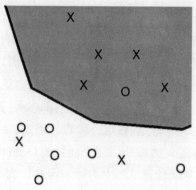

图 3.4   用于对×进行分类的分类器 C

接下来，定义几个概念：真阳性、假阳性、真阴性及假阴性。真阳性指的是分类器预测是×，而实际上就是×的数据点；假阳性指的是分类器预测是×，但实际上是○的数据点；真阴性指的是分类器预测不是×，而实际上确实不是×的数据点；假阴性指的是分类器预测不是×，但实际上是×的数据点。在图 3.4 中，存在 5 个真阳性数据点(灰色区域中的×)、一个假阳性数据点(灰色区域中的○)、6 个真阴性数据点(白色区域中的○)及 2 个假阴性数据点(白色区域中的×)。需要记住的是，灰色区域指的是分类器 C 认为全部都是×的区域，而白色区域是分类器认为全部都是○的区域。

第一个也是最基本的一个分类指标是准确率(accuracy)。准确率就是告诉我们分类器在对×和○进行分类方面的表现如何。换句话说，其计算方法就是真阳性数据点的数量加上真阴性数据点的数量，然后除以数据点总数。在我们的示例中，其计算结果就是 $\frac{5+6}{14} = 0.785714\cdots$，不过，会将其舍入到 4 位小数[1]。

我们可能很想了解分类器在避免虚警率(false alarm)方面的表现如何。用于计算它的指标称为精确率(precision)。分类器针对某个数据集的精确率可以通过如下方式进行计算：$\frac{\text{true Positives}}{\text{true Positives} + \text{false Positives}} = \frac{5}{5+1} = 0.8333$，在我们的示例中，其计算结果就是 $\frac{5}{5+1} = 0.8333$。如果担心错过或遗漏，想要捕获尽可能多的真×，则需要使用另外一个称为召回率(recall)的指标来度量成功率。召回率的计算方法

---

1 如果需要更多位小数，我们可以保留更多位小数。但在本书中，我们通常都会舍入到4位小数。

是 $\dfrac{\text{true Positives}}{\text{true Positives} + \text{false Negatives}} = \dfrac{5}{5+2} = 0.7142$，在我们的示例中，其计算结果

就是 $\dfrac{5}{5+2} = 0.7142$。

　　存在一种标准方法，可以更直观地显示真阳性(TP)、假阳性(FP)、真阴性(TN)和假阴性(FN)数据点的数量，这种方法被称为混淆矩阵。对于二类别分类(就是包含两个类别的分类，也称为二元分类)，混淆矩阵是一个采用以下形式的 2×2 表，见表 3.3。

表 3.3　混淆矩阵

	分类器预测是真	分类器预测是假
实际上是真	真阳性数据点的数量	假阳性数据点的数量
实际上是假	假阴性数据点的数量	真阴性数据点的数量

　　当我们拥有了混淆矩阵以后，可以直接基于它计算精确率、召回率、准确率以及其他任何评估指标。

　　所有分类器评估指标的值都为 0～1 的值，可以解释为概率。请注意，通过一些细微的修改，可以让精确率或召回率达到 100%(但不能同时让二者都达到 100%)。如果希望精确率为 1，可以简单地创建一个不选择任何数据点的分类器，也就是说，对于每个数据点，它都应该说是○。对于召回率来说，则刚好相反：选择所有数据点作为×，此时召回率为 1。正是基于这方面的原因，需要使用全部三个指标才能真正了解分类器的表现如何以及如何比较两个分类器。

　　现在，我们已经了解了各个评估指标，接下来，从程序的角度介绍如何评估分类器性能。在面对一项分类任务时，正如前面提到的，可以使用分类算法和训练集。我们针对训练集来训练算法，现在，便可使用它进行预测。但是，评估部分在哪呢？通常的策略并不是使用整个训练集进行训练，而是保留一部分以进行测试。保留的比例通常为 10%。不过，你可以根据实际情况进行增加或减少。[1]我们保留而未针对其进行训练的这 10%称为测试集。在测试集中，将标签与其他特征分离，这样，获得的行向量就与预测时使用的行向量具有相同的形式。按照 90%的比例对模型进行训练以后，使用它对测试集进行分类，然后将分类结果与标签进行比较。通过这种方式，可以获得计算精确率、召回率和准确率所必需的信息。

---

1 这在很大程度上取决于个人的选择，并没有客观的标准来确定拆分的比例。

这被称为将数据集拆分为训练集和测试集，或者简单地称为训练–测试拆分。测试集被设计为分类器表现好坏的一种可控模拟。这种方法有时称为样本外验证，以便区别于时间外验证，对于后者来说，10%的数据并不是从所有数据点中随机选择的，而是选择跨度大约为10%的数据点的一个时间段。一般来说，不建议使用时间外验证，因为数据中可能会存在一些季节性的趋势，它们往往会严重影响评估的结果。

3.3   一种简单的分类器：朴素贝叶斯

在这一节中，将介绍本书中涉及的最简单的一种分类器，称为朴素贝叶斯分类器。朴素贝叶斯分类器的应用至少可以追溯到1961年(见参考文献[5])，但是，由于它非常简单，因此很难查明关于贝叶斯定理应用的研究在哪里结束，而关于朴素贝叶斯分类器的研究从哪里开始。

朴素贝叶斯分类器以贝叶斯定理为基础，在第2章中，已经提到了贝叶斯定理，并解释了名称中"贝叶斯"的由来。朴素贝叶斯分类器做出了一个额外的假设，那就是所有特征彼此条件独立(这就是名称中加了"朴素"二字的原因所在)。这意味着在预测能力方面，每个特征都有"自己的权重"：不存在特征捎带或协同的问题。我们会对贝叶斯定理中的变量进行重命名，使其更有"机器学习的感觉"。

$$\mathbb{P}(t \mid f) = \frac{\mathbb{P}(f \mid t)\mathbb{P}(t)}{\mathbb{P}(f)}$$

其中，$\mathbb{P}(t)$ 是给定目标值(即类别标签)的先验概率[1]，$\mathbb{P}(f)$ 是某个特征的先验概率，$\mathbb{P}(f \mid t)$ 是特征 f 在给定目标 t 下的概率，当然，$\mathbb{P}(t \mid f)$ 是目标 t 在仅给定特征 f 下的概率，这也是我们想要得到的结果。

根据第2章的介绍可以知道，可对贝叶斯定理进行转换，使其包含一个(n 维)特征向量，在这种情况下，可以得到下面的公式。

$$\mathbb{P}(t \mid f_{\text{all}}) = \frac{\mathbb{P}(f_1 \mid t) \cdot \mathbb{P}(f_2 \mid t) \cdot \cdots \cdot \mathbb{P}(f_n \mid t) \cdot \mathbb{P}(t)}{\mathrm{P}(f_{\text{all}})}$$

看一个非常简单的例子，以便更好地演示朴素贝叶斯分类器的工作原理以及如何绘制超平面。假设有一个详细记录网页访问量的表，如表3.4所示。

---

1 先验概率其实就是计数的问题。如果有一个包含20个数据点的数据集，在某些特征中，有5个New Vegas值，其他15个值是Core region，则先验概率 $\mathbb{P}(\text{New Vegas}) = 0.25$。

表 3.4　网页访问量

时间	购买
早上	否
下午	是
晚上	是
早上	是
早上	是
下午	是
晚上	否
晚上	是
早上	否
下午	否
下午	是
下午	是
早上	是

首先需要将其转换为包含计数的表(称为频率表,类似于独热编码,但并不完全相同),如表3.5所示。

表 3.5　频率表

时间	是	否	总计
早上	3	2	5
下午	4	1	5
晚上	2	1	3
总计	9	4	13

现在,可以计算一些基本的先验概率。"是"的概率是 $\frac{9}{13}=0.6923$ 。"否"的概率是 $\frac{4}{13}=0.3076$ 。"早上"的概率是 $\frac{5}{13}=0.3846$ 。"下午"的概率是 $\frac{5}{13}=0.3846$ 。

"晚上"的概率是 $\frac{3}{13}=0.2307$ 。好了,这已经包括了仅通过对数据集进行计数能够计算的所有概率(这就是第 2 章 2.3 节中所说的"先验")。当然,仅有这些是不够的,还需要计算其他内容,接下来就将对此进行介绍。

现在,假设遇到一种新情况,即不知道目标标签,需要对其进行预测。这种

新情况就是行向量(morning)[1]，我们想要知道它是"是"(yes)还是"否"(no)，因此，需要计算

$$\mathbb{P}(\text{yes} \mid \text{morning}) = \frac{\mathbb{P}(\text{morning} \mid \text{yes}) \, \mathbb{P}(\text{yes})}{\mathbb{P}(\text{morning})}$$

可以插入由前面计算得到的先验 $\mathbb{P}(\text{yes}) = 0.6923$ 和 $\mathbb{P}(\text{morning}) = 0.3846$。现在，只需要计算 $\mathbb{P}(\text{morning} \mid \text{yes})$，它表示的是，具有"是"的行中"早上"出现的次数所占的百分比，在表 3.5 中，"是"出现了 9 次，其中同时也是"早上"出现了 3 次，因此，$\mathbb{P}(\text{morning} \mid \text{yes}) = \frac{3}{9} = 0.3333$。将上述计算结果全部带入贝叶斯定理，就可以得到

$$\mathbb{P}(\text{yes} \mid \text{morning}) = \frac{\mathbb{P}(\text{morning} \mid \text{yes}) \cdot \mathbb{P}(\text{yes})}{\mathbb{P}(\text{morning})} = \frac{0.3333 \cdot 0.6923}{0.3846} = 0.5999$$

我们还知道，$\mathbb{P}(\text{no} \mid \text{morning}) = 1 - \mathbb{P}(\text{yes} \mid \text{morning}) = 0.4$。这意味着该数据点将得到标签"是"，因为该值对应的概率超过 0.5 (我们有两个类别)。一般来说，如果我们有 n 个类别，概率需要超过 $\frac{1}{n}$ 值。

细心的读者可能会说，原本可以直接从表中计算 $\mathbb{P}(\text{yes} \mid \text{morning})$，就像计算 $\mathbb{P}(\text{morning} \mid \text{yes})$ 时所用的方法一样，确实是这样。但问题在于，仅当只有一个特征时，才能通过从表中计数的方式来完成上述计算，而对于具有多个特征的情况，则需要使用计算的方法，就像我们在上面实际所做的那样(使用针对多个特征的扩展公式)。

朴素贝叶斯是一种简单的算法，但对于大型数据集仍然非常有用。实际上，如果采用机器学习的某种概率观念，并声明所有机器学习算法实际上都只是学习 $\mathbb{P}(y \mid x)$，那么，可以说朴素贝叶斯是最简单的机器学习算法，因为它只有最低限度的必要性来执行从 $\mathbb{P}(f \mid t)$ 到 $\mathbb{P}(t \mid f)$ 的"翻转"(从计数到预测)。这是机器学习的一种具体的(概率)观念，但它与深度学习思维观念是兼容的，因此，尽管放心地采用。

---

1 如果我们具有 n 个特征，这就是一个 n 维行向量，例如 $(x_1, x_2, \ldots, x_n)$，但是现在，我们只有一个特征，因此这里只是一个 (x_1) 形式的一维行向量。一维向量与标量 x_1 完全相同，但这里我们仍然称其为向量，目的就是让大家知道，在一般情况下，它应该是一个 n 维向量。

有一点非常重要，一定要牢记，那就是朴素贝叶斯做出了条件独立的假设。[1]
因此，它不能处理特征中的任何依存关系。有时可能希望能对这样的序列进行建
模。例如，当特征的顺序很重要时(对于语言建模或者以时间表示的事件序列，会
遇到这种情况)，朴素贝叶斯无法处理这样的任务。在本书后面的内容中，会为大
家介绍几种完全能够处理这种情况的深度学习模型。在继续介绍之前，需要注意，
朴素贝叶斯分类器需要绘制一个能够对新数据点进行分类的超平面。假设有一个
二元分类。在这种情况下，朴素贝叶斯会将空间扩展一个维度(需要对行向量进行
增大以包含该值)，并且该维度接受 0~1 的值。在该维度中，超平面是可见的，
并且会经过值 0.5。

3.4　一种简单的神经网络：逻辑回归

通常情况下，监督学习划分为两种类型的学习。第一种是分类，需要做的是
预测类别。前面已经看到了如何使用朴素贝叶斯处理这种问题，在本书后面的内
容中，还会多次遇到这种问题。第二种就是回归，在这种类型的学习中，需要预
测值，不过，在本书中，不会讨论回归的相关内容。[2]这一节将要介绍的逻辑回归
并不是一种回归算法，而是一种分类算法。这背后的原因在于，我们认为统计学
和机器学习领域只是刚刚采用回归模型并开始将其用作分类器。

逻辑回归是由 D. R. Cox 于 1958 年首次提出的(见参考文献[6])，他针对逻辑
回归以及逻辑回归的应用进行了大量的研究。现在，使用逻辑回归主要是出于两
方面的原因。首先，它可以给出特征相对重要性的解释，如果我们想要对给定数
据集有一个直观的认识，可以采用这种方法。[3]第二个原因对我们来说重要得多，
那就是逻辑回归实际上是一种单神经元神经网络[4]。

通过了解逻辑回归，我们将向神经网络和深度学习迈出非常重要的第一步。

1　就是假设各个特征在给定目标的情况下条件独立。

2　可以使用分类来模拟回归问题。例如，如果我们需要在0和1之间超出适当的值，并将其
舍入为两位小数，那么可以将其视为一个100类分类问题。反过来也成立，实际上，我们在介
绍朴素贝叶斯的一节中已经看到了这种情况，其中，我们需要选取一个阈值，如果高于这个阈
值，就将其认为是1；如果低于这个阈值，则认为是0。

3　以后，我们可能会执行一些特征工程工作，并使用一种完全不同的模型。当我们对使用
的数据并不了解时，这非常重要，而在行业中，我们经常会遇到这种情况。

4　后面，我们会看到逻辑回归具有多个神经元，因为输入向量的每个分量都需要具有一个
输入神经元，但是从只有一个"主力"神经元的意义上来说，可以认为它有"一个"神经元。

由于逻辑回归是一种监督学习算法，因此，需要在训练集的行向量中包含目标值以进行训练。假设有三种训练情况，$\boldsymbol{x}_A = (0.2, 0.5, 1, 1)$，$\boldsymbol{x}_B = (0.4, 0.01, 0.5, 0)$ 和 $\boldsymbol{x}_C = (0.3, 1.1, 0.8, 0)$。逻辑回归具有很多输入神经元，因为在行向量中包含很多特征，在这个例子中，包含 3 个特征。[1]

你可以在图 3.5 中看到逻辑回归的示意图表示形式。至于计算部分，逻辑回归可以分成两个方程式。

$$z = b + w_1 x_1 + w_2 x_2 + w_3 x_3$$

该方程式用于计算分对数(logit)（也称为加权和），还有逻辑函数(logistic function)或S型函数(sigmoid function)。

$$y = \sigma(z) = \frac{1}{1 + e^{-z}}$$

如果将两个方程式连接到一起并稍加整理，就可以得到以下形式。

$$y = \sigma\left(b + w_1 x_1 + w_2 x_2 + w_3 x_3\right)$$

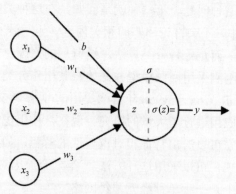

图 3.5　逻辑回归的示意图

现在，对这些方程式做解释说明。第一个方程式显示的是如何通过输入来计算分对数。在深度学习中，输入总是通过 x 表示，神经元的输出总是通过 y 来表示，而分对数一般通过 z 来表示，有时候也会通过 a 表示。上面的方程式使用的都是机器学习领域常用的表示法，因此，请务必了解为什么按原样使用这些符号。

为了计算分对数，需要(除了输入以外)权重 $\boldsymbol{w}$ 和偏差 b。如果你观察一下上面的方程式，就会注意到，除偏差和权重，剩下的要么是输入，要么是计算值。未作为输入给定的元素或者像 e 这样的常量元素被称为参数。就目前来说，参数是权

---

[1]　如果训练集由 n 维行向量组成，则刚好有 $n-1$ 个特征，因为最后一个分量是目标或标签。

重和偏差,逻辑回归要做的就是学习好的权重向量和好的偏差,从而实现好的分类。这是逻辑回归(和深度学习)中唯一需要学习的内容:找出一组好的权重。

然而,什么是权重和偏差呢? 权重控制应该允许输入中的每个特征进入的程度。你可以将它们认为是表示百分比。它们并未限制在 0 到 1 的区间内,不过给人的直观感觉往往是这样。对于超过 1 的权重,可以将其认为是"放大"。偏差相对要更难以处理一些。[1]在历史上,它曾经被称为阈值,而且表现形式也有一些不同。当时的想法是,分对数就是计算输入的加权和,如果它超过阈值,神经元将输出 1,否则输出 0。1 和 0 部分被 $\sigma(z)$ 的方程式所取代,后者不是输出确定的 0 或 1,而是 0 到 1 范围内的值。你可以在图 3.6 中看到不同的绘图。后面,在第 4 章中,还将介绍如何将偏差合并成权重之一。就目前来说,知道偏差可以被吸收为权重之一就足够了,这样就可以忽略偏差,因为我们明白,它会被处理成权重之一。

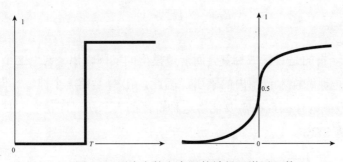

图 3.6 历史上的和实际的神经元激活函数

我们基于输入执行一项计算,用于解释逻辑回归的结构原理。需要提供权重和偏差的起始值,通常它们都是随机生成的。这是通过高斯随机变量完成的,不过,为了简便起见,将通过获取 0~1 的随机值来生成一组权重和偏差。现在,需要通过独热编码来传递输入行向量并对其进行归一化,但是,这里假定它们已经过独热编码和归一化。这样,就得到 $x_A = (0.2, 0.5, 0.91, 1)$、$x_B = (0.4, 0.01, 0.5, 0)$ 和 $x_C = (0.3, 1.1, 0.8, 0)$,并假定随机生成的权重向量是 $w = (0.1, 0.35, 0.7)$,偏差是 $b = 0.66$。现在,在方程式中放入第一个输入。

$$y_A = \sigma(0.66 + 0.1 \cdot 0.2 + 0.35 \cdot 0.5 + 0.7 \cdot 0.91) = \sigma(1.492) = \frac{1}{1 + e^{-1.492}} = 0.8163$$

我们注意到,结果是 0.8163,而实际标签是 1。接下来,对第二个输入执行

---

1 从数学的角度来说,偏差可用于生成偏移,称为截距。

相同的操作。

$$y_B = \sigma(0.66 + 0.1 \cdot 0.4 + 0.35 \cdot 0.01 + 0.7 \cdot 0.5) = \sigma(1.0535) = \frac{1}{1 + e^{-1.0535}} = 0.7414$$

这次结果是0.7414，而标签是0。接下来，对最后一个输入行向量执行上述操作。

$$y_C = \sigma(0.66 + 0.1 \cdot 0.3 + 0.35 \cdot 1.1 + 0.7 \cdot 0.8) = \sigma(1.635) = \frac{1}{1 + e^{-1.635}} = 0.8368$$

这次结果是 0.8368，而标签是 0。结果似乎很明确，第一个输入的结果比较好，但并没有正确分类第二个和第三个输入。现在，应该以某种方式对权重进行更新，但是，为此需要计算分类的效果有多糟糕。为了对此进行度量，需要使用误差函数，并且将使用误差平方和或 SSE[1]。

$$E = \frac{1}{2} \sum_n \left(t^{(n)} - y^{(n)} \right)^2$$

在这里，t 指的是目标或标签，而 y 是模型的实际输出。这里这个有点奇怪的指数 ($t^{(n)}$) 就是训练样本范围内的索引，因此，($t^{(k)}$) 是第 k 个训练行向量的目标。你很快就会看到为什么现在需要使用这种奇怪的表示法，而稍后又是如何摒弃它的。下面计算 SSE：

$$E = \frac{1}{2} \sum_n \left(t^{(n)} - y^{(n)} \right)^2 \tag{3.1}$$

$$= \frac{1}{2} [(1 - 0.8163)^2 + (0 - 0.7414)^2 + (0 - 0.8368)^2] \tag{3.2}$$

$$= \frac{0.0337 + 0.5496 + 0.7002}{2} \tag{3.3}$$

$$= 0.64175 \tag{3.4}$$

现在使用幻数来更新 w 和 b，从而得到 $w = (0.1, 0.36, 0.3)$、$b = 0.25$。后面(在第 4 章中)，我们将看到这实际上是通过所谓的一般权重更新法则来完成的。这就完成了一轮权重调整。通俗地说，这被称为一次 epoch，不过，后面会在第 4 章中重新定义这个术语，使其变得更为精确。重新计算输出和新的 SSE，看看这组新的权重是不是更好。

---

1 还有其他一些误差函数可以使用，但是，SSE 是最简单之一。

$$y_A^{\text{new}} = \sigma(0.25 + 0.1 \cdot 0.2 + 0.36 \cdot 0.5 + 0.3 \cdot 0.91) = \sigma(0.723) = \frac{1}{1 + e^{-0.723}} = 0.6732 \quad (3.5)$$

$$y_B^{\text{new}} = \sigma(0.25 + 0.1 \cdot 0.4 + 0.36 \cdot 0.01 + 0.3 \cdot 0.5) = \sigma(0.4436) = \frac{1}{1 + e^{-0.4436}} = 0.6091 \quad (3.6)$$

$$y_C^{\text{new}} = \sigma(0.25 + 0.1 \cdot 0.3 + 0.36 \cdot 1.1 + 0.3 \cdot 0.8) = \sigma(0.916) = \frac{1}{1 + e^{-1.635}} = 0.7142 \quad (3.7)$$

$$E^{\text{new}} = \frac{1}{2}[(1 - 0.6732)^2 + (0 - 0.6091)^2 + (0 - 0.7142)^2] \quad (3.8)$$

$$= \frac{0.1067 + 0.371 + 0.51}{2} \quad (3.9)$$

$$= 0.4938 \quad (3.10)$$

可以清楚地看到，总体误差已经降低。如果多次反复执行此过程，误差还会继续降低，可以继续这样做，直到到达某一点，误差停止下降并稳定下来。在极少数情况下，甚至可能会出现混乱的表现。这是逻辑回归的本质，也是深度学习的核心，执行的所有操作都将是对此的升级或修改。

接下来，介绍数据表示。到目前为止，已经对整个过程有了比较全面的了解，能够清楚地看到所有内容，不过，下面介绍如何让过程变得更加简洁、紧凑，同时计算速度可以得到明显提升。需要注意的是，尽管数据集是一个集合(顺序并不重要)，但可以通过一个向量放入 x_A, x_B 和 x_C，因为我们将逐个使用它们(该向量将模拟队列或堆栈)。不过，由于它们还共享相同的结构(在每个行向量中，同样的位置具有同样的特征)，或许可以选择使用矩阵表示整个训练集。从计算的角度来看，这也是非常重要的，因为绝大多数深度学习库在某些地方都会存在一些 C 语言的痕迹，而数组(从编程的角度说，它是与矩阵等价的结构)是 C 语言中的原生数据结构，针对它们进行计算时，速度是非常快的。

因此，首先要做的就是将 n 个 d 维输入向量转换为大小为 $n{\times}d$ 的输入矩阵。在我们的示例中，这是一个 $3{\times}3$ 矩阵。

$$x = \begin{bmatrix} 0.2 & 0.5 & 0.91 \\ 0.4 & 0.01 & 0.5 \\ 0.3 & 1.1 & 0.8 \end{bmatrix}$$

将在一个单独的向量中保存目标(标签)，而且从此以后，需要格外小心谨慎，不能把目标向量以及数据集矩阵弄乱，因为只能通过矩阵行和向量分量的顺序将它们重新连接起来。在我们的示例中，目标向量是 $t = (1, 0, 0)$。

接下来，介绍权重的相关内容。偏差有一点麻烦，因此，可以将它转换为权重之一。为了完成此转换，需要添加由 1 组成的一列，作为输入矩阵的第一列。需要注意的是，这并不是近似计算，而是精确捕获需要执行的计算。就权重来说，有多少输入，就需要多少权重。此外，如果有多个主力神经元，需要的权重数量也相应地增加多少倍，举例来说，如果有 5 个输入(5 维输入行向量)以及 3 个主力神经元，则需要 5×3 个权重。这里选择 5×3 是有所考虑的，因为将使用一个 5×3 矩阵[1]来存储它，然后就可以使用简单的矩阵乘法来完成分对数所需的所有计算。这就证明了所谓的"常规深度学习策略为了实现快速计算"：尝试尽可能多地使用矩阵(以及向量)乘法和转置来完成工作。

回到我们的例子，有三个输入，然后在输入前面添加由 1 组成的一列，从而在权重矩阵中为偏差留出位置。现在，新的输入矩阵是一个 3×4 矩阵，如下所示。

$$x = \begin{bmatrix} 1 & 0.2 & 0.5 & 0.91 \\ 1 & 0.4 & 0.01 & 0.5 \\ 1 & 0.3 & 1.1 & 0.8 \end{bmatrix}$$

现在，可以定义权重矩阵。这是一个 4×1 矩阵，由偏差后跟权重组成。

$$w = \begin{bmatrix} 0.66 \\ 0.1 \\ 0.35 \\ 0.7 \end{bmatrix}$$

该矩阵也可以等价地表示为 $(0.66, 0.1, 0.35, 0.7)^T$，不过，现在将使用矩阵的形式。接下来，为了计算分对数，对两个矩阵做简单的矩阵乘法，这样就可以得到一个 3×1 矩阵，其中每一行(每一行中有一个值)表示每种训练情况的分对数(将其与前面的计算进行比较)。

$$z = xw = \begin{bmatrix} 1 & 0.2 & 0.5 & 0.91 \\ 1 & 0.4 & 0.01 & 0.5 \\ 1 & 0.3 & 1.1 & 0.8 \end{bmatrix} \cdot \begin{bmatrix} 0.66 \\ 0.1 \\ 0.35 \\ 0.7 \end{bmatrix} \qquad (3.11)$$

---

1 回想前面的介绍，我们可以知道，这与 3×5 矩阵是不同的。

$$= \begin{bmatrix} 1 \cdot 0.66 + 0.2 \cdot 0.1 + 0.5 \cdot 0.35 + 0.91 \cdot 0.7 \\ 1 \cdot 0.66 + 0.4 \cdot 0.1 + 0.01 \cdot 0.35 + 0.5 \cdot 0.7 \\ 1 \cdot 0.66 + 0.3 \cdot 0.1 + 1.1 \cdot 0.35 + 0.8 \cdot 0.7 \end{bmatrix} \tag{3.12}$$

$$= \begin{bmatrix} 1.492 \\ 1.0535 \\ 1.635 \end{bmatrix} \tag{3.13}$$

现在，必须仅将逻辑函数 σ 应用于 z。为了完成此操作，只需要将函数应用于矩阵的每个元素即可，如下所示。

$$\sigma(z) = \begin{bmatrix} \sigma(1.492) \\ \sigma(1.0535) \\ \sigma(1.635) \end{bmatrix} = \begin{bmatrix} 0.8163 \\ 0.7414 \\ 0.8368 \end{bmatrix}$$

最后再添加一个备注。逻辑函数是逻辑回归的主要组成部分。但是，如果将逻辑回归视为简单的神经网络，就不能受逻辑函数的束缚。从这个角度来说，逻辑函数是非线性的[1]。也就是说，它的作用是使复杂行为成为可能(特别是当对模型进行扩展使其不再是传统逻辑回归中的单个主力神经元时)。存在很多类型的非线性函数，它们的行为方式全都不尽相同。逻辑回归的范围为 0～1。另一种常见的非线性函数是双曲正切函数，简称 tanh，将使用 τ 表示这种函数，以便照顾到表示的一致性。τ 非线性函数的范围为-1～1，其形状与逻辑函数类似。其计算方式如下：

$$\tau(z) = \frac{e^z - e^{-2}}{e^z + e^{-z}} \tag{3.14}$$

选择在神经网络中使用哪种激活函数主要取决于个人喜好，通常受到想要使用它们获取的结果的影响。比如说，如果在逻辑回归中使用双曲正切函数，而不是逻辑函数，也是完全没有问题的。不过从技术上来说，这就不再是逻辑回归了。另一方面，神经网络仍然是神经网络，与选择使用的非线性函数无关。

3.5 MNIST 数据集简介

MNIST 数据集是美国国家标准与技术研究院(National Institute of Standards

---

1 在较早的文献中，有时该函数被称为激活函数。

and Technology)数据集的一种改良版本，由手写的数字组成。原始数据集在参考文献[7]中进行了介绍，MNIST(改良 NIST)是原始数据集的专业数据库 1 和专业数据库 3 的一种改良版本，由杨乐昆(Yann LeCun)、科琳娜•科尔特斯(Corinna Cortes)和克里斯托弗•博格斯(Christopher J. C. Burges)编制。MNIST 数据集在论文(见参考文献[8])中被首次运用。杰弗里•辛顿(Geoffrey Hinton)称 MNIST 是"机器学习的果蝇"，因为很多关于机器学习的研究都是基于它完成的，并且很多简单的任务都非常适合使用它来处理。现如今，MNIST 可以通过各种来源获得，不过，"最整洁"的来源是 Kaggle，在这里，数据保存在一个简单的 CSV 文件中，可以使用任何软件轻松地进行访问。在图 3.7 中，可以看到 MNIST 数字的一个例子。

图 3.7　一个 MNIST 数据点

MNIST 图像是 28×28 像素的灰度图像，因此，每像素的值介于 0(白色)和 255 (黑色)之间。在通常的灰度图像中，0 表示黑色，255 表示白色，而 MNIST 图像与之刚好相反，不过，业内人士认为这样可能更好，因为这种方式占用的存储空间更少。然而，存储技术发展到如今的水平，对于像 MNIST 这种大小的数据集，存储空间已经不再是大问题。

不过，这里有一个问题，将在本书的最后予以解决。问题就是，目前可用的所有监督机器学习算法都只能处理向量输入，矩阵、图表、树等都无法处理。这意味着，无论想要执行什么操作，都需要找到一种方式以向量的形式放入数据，并将所有输入变换为 n 维向量。MNIST 数据集由 28×28 像素的图像组成，因此，从本质上来说，输入是矩阵。由于它们的大小都是相同的，因此，可以将它们变换为 784 维向量。[1]为了完成此变换，只需要像读取书写页一样来"读取"它们：从左到右，一个像素行结束后，移到下一行的最左侧部分，然后继续读取。这样，就可以将一个 28×28 矩阵变换为一个 784 维向量。这是一种非常简单的变换(需要注意的是，仅当所有输入样本的大小都相同时才能使用这种变换)，如果想要学习图表和树，则必须获取它们的向量表示形式。在本书的最后，还会将其作为一个开放性的问题予以介绍。

在这里，还需要解决另一个问题。MNIST 由灰度图像组成。如果是 RGB 形

---

1 感兴趣的读者可以查阅参考文献[10]中的第 4 章，其中有相关内容的详细介绍。

式的图像，应该如何处理呢？ RGB 图像属于三分量"图像"，这三个分量称为通
道，即红色通道、绿色通道和蓝色通道。它们结合在一起便可构成完整的(彩色)
图像。可以将这些打印为彩色图像(红色通道的每像素具有一个 0～255 的值，用
于表示其中的红色程度)，不过，实际上已经事先将彩色图像转换为灰度图像(参
见图 3.8)。将红色通道表示为灰色形式，看起来可能有点奇怪，但这就是计算机
执行的操作。通道图像的名称是"红色"，但像素值是 0～255 的数字，从计算的
角度来说，这是灰色。这是因为，RGB 像素只不过是 3 个 0～255 的值。第一个
值称为"红色"，不过，从计算的角度来说，它被称为红色仅仅是因为它处在第一
位。在本质上，其中并没有"红色"特性，也没有这样的感受性。如果要显示像
素而不提供另外两个分量，0 将解释为黑色，而 255 将解释为白色，这就使其成
为灰度图像。换句话说，假设某个 RGB 图像的一个像素值为(34, 67, 234)，但是，
如果通过仅提取红色分量 34 来分离一个通道，就会得到一个灰度图像。如果想要
在显示中获得"红色"，必须将其表示为(34, 0, 0)，并将其保存为 RGB 图像。对
于绿色通道和蓝色通道也是一样。返回到最初的问题，如果处理的是 RGB 图
像，可以选择以下选项。

- 对各个分量求平均值以生成平均灰度表示形式(这是从 RGB 图像创建
  灰度图像的常用方式)。
- 分离各个通道，形成三个不同的数据集，并训练三个分类器。在进行预
  测时，使用它们三个结果的平均值作为最终结果。这是一组分类器的一
  个例子。
- 在清晰的图像中分离通道，将它们混在一起，并针对所有通道训练一个分类
  器。从本质上来说，这种方法属于数据集增强。
- 在清晰的图像中分离通道，针对每个通道训练同一分类器的三个实例(大
  小和参数都相同)，然后使用第四个分类器做最终决定。这种方法会引出
  卷积神经网络的概念，在第 6 章中，将对此内容进行详细的介绍。

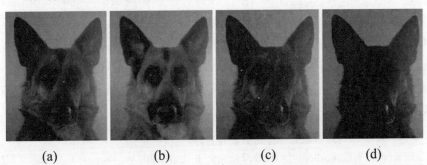

　　　(a)　　　　　　　(b)　　　　　　　(c)　　　　　　　(d)

图 3.8　所有颜色的灰度图像(a)，红色通道(b)、绿色通道(c)和蓝色通道(d)

上面每种方法各有各的优点，可以根据要处理的问题的具体情况从中选择适合的方法。你也可以考虑其他选项，深度学习具有探索的特性，如果某种非正统的方法有助于提高准确性，欢迎大家提出来。

3.6   没有标签的学习：k 均值

接下来，介绍两种无监督学习算法，k 均值和 PCA。将在下一节中简要介绍 PCA (特别是其背后的直觉知识)，而在第 9 章中，还会对其中的技术细节进行更深入的探讨。PCA 表示无监督学习的一个分支，称为分布式表示，如今，它已经成为深度学习领域最重要的主题之一，而 PCA 是构建分布式表示的最简单算法[1]。无监督学习还有另外一个在概念上更为简单的分支，称为聚类。聚类算法的目标是将所有数据点分配到簇中，这些簇(希望)能够在 n 维空间中捕获它们的相似性。k 均值是最简单的聚类算法，我们将使用它演示说明聚类算法的工作原理。[2]

在继续介绍 k 均值算法之前，先来简单说明什么是无监督学习。无监督学习是没有标签或目标的学习。由于无监督学习通常是要定义的三个领域的最后一个(监督学习和强化学习是另外两个领域)，因此，一般倾向于将除了监督学习和强化学习以外的所有内容都归入无监督学习。这是一种非常宽泛的定义，却非常有趣，因为它引出了一个认知问题，如何在没有反馈的情况下进行学习？没有反馈的学习实际上是不是学习？或者它是不是一种不同的现象？通过探索无监督学习，我们会深深沉醉在认知建模中，而这也让无监督学习成为一个让人兴奋不已而又丰富多彩的领域。

接下来，演示说明 k 均值算法的工作原理。k 均值是一种聚类算法，这意味着它会生成数据簇。生成簇实际上就是为所有数据点分配一个簇名称，以便类似的数据点共享相同的簇名称。常用的簇名称是 "1" "2" "3" 等。假设有两个特征，因此使用二维空间。在无监督学习中，没有训练集和测试集，拥有的所有数据点都是 "训练" 数据点，并根据它们构建簇(将使用它来定义超平面)。输入行向量没有标签，它们仅由特征组成。

k 均值算法将使用的中心数量作为一个输入。每个中心将定义一个簇。在算法的最开始，中心被放置在数据点向量空间中的某个随机位置。k 均值具有两个

---

1 不过，PCA 本身理解起来并不是那么容易。

2 k均值(也称为Lloyd-Forgy算法)最早是由S. P. Lloyd和E.W. Forgy分别在参考文献[16]和[17]中独立提出来的。

阶段，一个称为"分配"，另一个称为"最小化"，二者形成一个循环，然后算法会多次重复此循环[1]。在"分配"阶段，每个数据点都被分配到最近的簇中心(基于欧几里得距离)。在"最小化"阶段，簇中心会沿着某个方向移动，使得分配给它的所有数据点的距离和实现最小化[2]。一次循环即告完成。通过将所有数据点与簇中心取消关联，以开始下一次循环。簇中心保持在自己的位置，但新的分配阶段开始，这可能会产生与前一次不同的分配。这一点可以在图 3.9 中看到。在循环结束以后，将得到一个超平面：当获得一个新的数据点时，会将其分配到最近的簇中心。换句话说，它将获得最近的簇中心的名称作为标签。

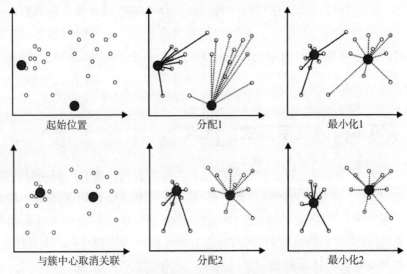

图 3.9　具有两个簇中心的 k 均值算法的两次完整循环

在通常的设置中，在使用聚类算法时，没有标签(对于无监督学习来说，不需要标签)。没有标签的话，前面几节中所讨论的评估指标没有什么用，因为无法计算真阳性、假阳性、真阴性和假阴性。可能会出现以下情况：我们可以访问标签，但更喜欢使用聚类算法，或者我们将在稍后的某个时间获取真正的标签。在这种情况下，可以评估聚类的结果，就像它们就是分类结果一样，这被称为聚类外部评估。参考文献[11]中提供了使用分类评估指标进行聚类外部评估的详细展示说明。

不过，有时我们没有任何标签，需要在没有标签的情况下进行操作。在这种情况下，可以使用一类称为聚类内部评估的评估指标。存在多个评估指标，而邓

1　通常情况下，会重复预定义的次数，当然，还存在其他策略可供选择。

2　想象一下，将一个簇中心固定下来并使用橡皮筋连接到其所有数据点，然后在曲面上将其松开。它会发生移动，以使橡皮筋的总体张力变小(尽管个别橡皮筋的张力可能会变大)。

恩系数(Dunn coefficient) (见参考文献[12])是最常用的。该指标的主要作用就是度量 n 维空间中的簇密度。对于每个簇[1]C，邓恩系数的计算方法如下。

$$D_C = \frac{\min\{d(i, j) \mid i, j \in \text{Centroids}\}}{d^{\text{in}}(C)} \tag{3.15}$$

在这里，$d(i, j)$ 是簇中心 i 和 j 之间的欧几里得距离，而 $d^{\text{in}}(C)$ 指的是簇内距离，计算方法如下。

$$d^{\text{in}}(C) = \max\{d(x, y) \mid x, y \in C\} \tag{3.16}$$

其中，C 是要针对其计算邓恩系数的簇。会为每个簇计算邓恩系数，并且可以通过它来评估每个簇的质量。可以使用邓恩系数来评估不同的聚类，方法是针对要比较的两个聚类[2]，对其中的每个簇的邓恩系数求平均值，然后对得到的结果进行比较。

3.7　学习不同的表示形式：PCA

到目前为止，使用的数据都有局部表示。如果名为"身高"(Height)的特征的值为180，则关于该数据点的该信息片段(甚至可以说"实体的该属性")仅在对应的位置存在。另一个名为"体重"(Weight)的列不包含任何有关身高的信息。这种实体的属性(描述为数据点的特征)的表示形式被称为局部表示。需要注意的是，对象具有的身高会对体重施加一定的约束。这种约束并不是硬约束，而更多的是一种"认识捷径"：如果我们知道某个人的身高是180厘米，那么他的体重可能在80千克左右。人与人之间可能存在一些差异，但一般来说，只需知道一个人的身高，就可以大概猜测出这个人的体重，尽管不一定非常准确，但基本上不会相差太多。这种现象称为相关性，这是一种比较复杂的现象，不太容易处理。如果两个特征高度相关，则很难将它们分开来讲。理想情况下，希望找到一种数据变换，其中具有一些虽然奇怪但不相关的特征。在这种表示形式中，我们有一个特征Argh，该特征捕获可以帮助我们从身高推断出体重的基础分量[3]，并且在 Argh 删除后，仍将 Haght 和 Waght 作为一部分保留在 Height 和 Weight 中。这种表示形

---

1 回想前面的介绍可以知道，k 均值算法中的簇指的是围绕某个中心的区域，通过超平面进行分隔。

2 必须在两个聚类中使用相同数量的中心，只有这样，这种方法才适用。

3 在统计学中，这些特征被称为隐变量。

式被称为分布式表示。

手动构建分布式表示是非常困难的, 而对于人工神经网络来说, 这是它们的基本操作。每一层都会构建自己的分布式表示, 而这会对学习产生很大的帮助(这或许是深度学习最基本的特点, 学习分布式表示的很多层)。我们将展示构建有意义的分布式表示的最简单的方法, 但在第 9 章中才会介绍其中的所有数学细节。构建分布式表示是很难的, 正因为如此, 才希望深度学习帮助我们完成此类构建工作。这种构建分布式表示的方法称为主成分分析, 简称 PCA。在这一章中, 只对 PCA 进行大概的介绍, 而在第 9 章中才会深入探讨其中的所有细节。[1]PCA 的形式如下所示:

$$Z = XQ \tag{3.17}$$

其中, X 是输入矩阵, Z 是变换矩阵, 而 Q 是执行变换所用的 "工具矩阵"。如果 X 是一个 $n{\times}d$ 矩阵, 那么 Z 应该也是一个 $n{\times}d$ 矩阵。这提供了关于 Q 的第一点信息: 它必须是一个 $d{\times}d$ 矩阵, 只有这样才可以执行矩阵乘法运算。将在第 9 章中介绍如何找到适合的 Q。在本节剩下的内容中, 将从整体上介绍 PCA 背后的直觉知识以及构建 Q 所需的一些元素。此外, 还将详细介绍希望 PCA 执行哪些操作以及希望能够在哪些方面使用它。

概括地说, PCA 用于对数据进行预处理。这意味着, 在将数据发送到分类器之前, 需要先对其进行变换, 以使其更容易理解。PCA 可通过多种方式来帮助完成数据预处理。大家在前面已经了解到, 可以使用它来构建数据的分布式表示, 从而消除相关性。还可以使用 PCA 进行降维。之前已经看到了如何使用独热编码和手动特征工程来扩展维度。在使用诸如 Argh、Haght 和 Waght 的人工特征构建分布式表示时, 希望能够按照信息度对它们进行排序, 以便可以丢弃信息不足的特征。信息度其实就是方差[2]: 某个特征的变化幅度越大, 它包含的信息越多。[3]希望 Z 就像这样: 具有最大方差的特征应该放在 Z 的第一列, 方差的第二大特征应该放在第二列, 以此类推。

为了演示说明经过简单变换后方差如何变化, 可以参见图 3.10, 其中显示的是具有 6 个二维数据点的简单情况。图 3.10 的(a)部分显示的是起始位置。需要注意的是, 沿 x 坐标的方差相对较小: 数据点在 x 轴上的投影紧密地挤在一起。沿

---

1 之所以要这样做, 其中一个原因在于, 目前我们还没有开发出深入介绍所有细节所需的全部工具。

2 参见第 2 章。

3 如果某个特征始终保持不变, 那么它的方差为0, 而它并不包含对绘制超平面有用的信息。

y 轴的方差更好一些，y 坐标相对比较分散。不过，还可以做得更好。看一下图 3.10(b)：这个图是通过对坐标系略做旋转得到的。需要注意的是，所有数据都保持不变，只是更改数据的表示形式，也就是轴(对应于特征)。从数学的角度来说，新的"坐标系"实际上只不过是此二维向量空间中的点的另外一个基。实际上并不会更改点(即二维向量)，而是更改这些点所在的"坐标系"。实际上甚至都不会更改坐标系，而只是更改向量空间的基。那么，从数学的角度来说如何执行此操作呢？对于这个问题，实际上就相当于是问如何找到一个矩阵 Q，使其按照这种方式进行操作，将在第 9 章中解答这个问题。沿着轴，我们绘制了第一个数据点坐标与最后一个数据点坐标之间的距离，可以将其看成方差的"图形代理"。在图 3.10(b)中，已经对黑色(原始坐标系)和灰色(变换后的坐标系)方差进行了并列比较(在黑色坐标系旁边)。需要注意的是，沿 y 轴(在原始坐标系中，该轴的方差要更大一些)的方差增大了，而 x 轴(在原始坐标系中，该轴的方差要更小一些)上的方差实际上是减小了。

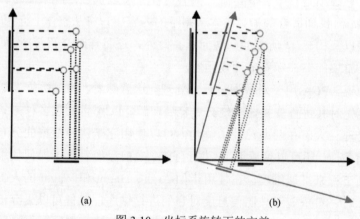

图 3.10　坐标系旋转下的方差

　　在继续后面的介绍之前，最后再来对 PCA 和预处理做一个备注说明。对于任何类型的数据来说，最基本的问题之一就是其中包含噪点。噪点可以定义为除了具有相关性的信息以外的所有内容。如果数据集具有足够的训练样本，那么它应该包含非随机信息和随机噪点。它们通常会在特征中混合存在。但是，如果可以构建一种分布式表示，则意味着可以提取特征并将其划分为具有较大方差的部分和具有较小方差的部分；可以认为噪点(随机的)具有较低的方差(它在所有位置都是"同样地随机")，而具有相关性的信息的方差较高。假定针对一个 20 维输入矩阵使用了 PCA。然后，可以保留前 10 个新特征，这样，就可以消除大量噪点(低方差特征)，同时仅消除少量的信息(因为它们是低方差特征，而不是"无方差"特征)。

PCA 问世已经很长时间了。它是由伦敦大学学院(University College London)的卡尔·皮尔逊(Karl Pearson)于 1901 年首先发现的(见参考文献[13])。在那之后，出现了很多 PCA 的变体，名称也几经变化，而且通常每种变体都与其他变体略有不同。各种 PCA 变体之间的具体关系非常有趣，不过其包含的内容非常多，要想完整地介绍清楚，恐怕需要一整本书的篇幅，因此非常遗憾，本书的篇幅有限，不能对此进行详细的介绍。

3.8　学习语言：词袋表示

到目前为止，已经介绍了数值特征、有序特征和分类特征，而且还介绍了如何为分类特征执行独热编码。不过，有一个完整的领域还没有介绍，那就是自然语言处理。如果读者想要对自然语言处理有一个全面的了解，建议大家阅读参考文献[14]或[15]。在这一节中，将介绍如何使用一种最简单的模型来处理语言，这种模型就是词袋模型。

下面先来定义一些有关自然语言处理的术语。语料库指的是我们拥有的整组文本。语料库可以分解为片段(fragment)。片段可以是单个句子、段落或多页文档。基本上说，一个片段就是想要视为一个训练样本的内容。如果要分析临床文档，则每个病人的入院文档可能就是一个片段；如果要分析某个重点大学的所有博士论文，则每篇 200 页的论文就是一个片段；如果要分析社交媒体上的观点，则每个用户评论就是一个片段，等等。词袋模型的构建方式如下：将语料库中的每个单词作为一个特征，然后在每行中该单词的下方，计算该单词在对应的片段中出现的次数。显而易见，在创建词袋时并没有考虑单词的顺序。

词袋模型是将语言转换为特征以便输入到机器学习算法的主要方式之一，只有深度学习具有与其相当的备选方法，相关内容将在第 6～8 章中进行介绍。其他机器学习方法几乎排他性地专门使用词袋或变体形式[1]，对于许多语言处理任务，即使在深度学习中，词袋也是一种非常出色的语言模型。

下面通过一个简单的社交媒体数据集[2]来看一看词袋的工作原理，见表 3.6。

1　基本词袋模型的扩展示例是 n-gram 袋。n-gram 是由 n 个连续出现的单词构成的 n 元组。如果我们有一个句子 'I will go now'，那么其 2-gram 集合是 {('I', 'will'), ('will', 'go'), ('go', 'now')}。

2　对于绝大多数语言处理任务，特别是需要使用从社交媒体收集的数据的任务，先将所有文本转换为小写形式，然后去掉所有逗号、撇号和非字母数字字符是非常有意义的，就像我们在这里所做的这样。

表 3.6　社交媒体数据集

User	Comment	Likes
S. A	you dont know	22
F. F	as if you know	13
S. A	i know what i know	9
P. H	i know	43

需要将 Comment 列转换为一个词袋。User 和 Likes 列暂时先保留原样。为了从评论创建词袋，需要完成两个过程。第一个就是收集出现的所有单词并将它们转换为特征(也就是收集唯一单词，并基于它们创建列)，第二个过程是写入实际值，见表 3.7。

表 3.7　完成两个过程

User	you	dont	know	as	if	i	what	Likes
S. A	1	1	1	0	0	0	0	22
F. F	1	0	1	1	1	0	0	13
S. A	0	0	2	0	0	2	1	9
P. H	0	0	1	0	0	1	0	43

现在，已经拥有了 Comment 列的词袋，接下来需要对 User 列执行独热编码，然后才能将数据集输入某种机器学习算法。按照前面所解释的那样执行此操作，然后获得最终输入矩阵，如表 3.8 所示。

表 3.8　获得最终输入矩阵

S. A	F. F	P. H	you	dont	know	as	if	i	what	Likes
1	0	0	1	1	1	0	0	0	0	22
0	1	0	1	0	1	1	1	0	0	13
1	0	0	0	0	2	0	0	2	1	9
0	0	1	0	0	1	0	0	1	0	43

该示例显示了独热编码与词袋之间的不同。在独热编码中，每一行只有 1 或 0，此外，必须只有一个 1。这意味着它可以采用一种精简的方式来表示，即仅使用值为 1 的列号来表示。对于上面列中的第四个例子：只需要记下 3 作为列号，即可了解独热部分的所有内容，这样要比 0,0,1 的书写方式节省空间。词袋与此

不同。在这里，获取每个片段的单词计数，其值可能大于 1。此外，还需要针对整个数据集使用词袋，这意味着需要对训练集和测试集一起进行编码。在这种情况下，仅在测试集中出现的单词在整个训练集中将具有 0 值，而且还要注意的是，由于绝大多数分类器都要求所有样本具有相同的维度(以及特征名称)，因此，当要使用算法进行预测时，需要丢弃不在训练模型中的任何新单词，以便能够将数据输入算法中。

独热编码和词袋也有共同之处，那就是它们都会大大扩展维度，并且几乎每个位置都会用到 0 值。像这样对数据进行编码时，可以说我们拥有一个稀疏编码。这意味着很多特征都将是没有意义的，并且我们希望分类器尽快将它们丢弃掉。后面会看到，在面对稀疏编码的数据集时，像 PCA 和 L_1 正则化(regularization)这样的方法会非常有用。此外，还请注意如何使用空间的维度扩展来尝试通过计算单词数捕获"语义"。

第 4 章

前馈神经网络

4.1 神经网络的基本概念和术语

对于深度学习来说，反向传播是核心的学习方法。但在开始探讨反向传播之前，必须先定义一些基本的概念并解释它们的相互作用。深度学习是使用深度人工神经网络的机器学习，本章的目标是解释浅层神经网络的工作方式。此外，还会将浅层神经网络称为简单前馈神经网络，尽管这个术语本身应该用于指代任何没有反馈连接的神经网络，而不单单指代浅层神经网络。从这个意义上说，卷积神经网络也是一种前馈神经网络，但不是浅层神经网络。一般来说，深度学习包括解决当我们尝试向浅层神经网络添加更多层时会出现的问题。在神经网络方面，有很多非常不错的著作值得大家阅读，下面为大家列举几本。参考文献[1]针对所介绍的内容展示了大部分的数学细节，为读者提供了严谨、全面的论述；而参考文献[2]更倾向于应用，不过也简单介绍了本书中未做探讨的一些相互联系的技术，例如自适应线性神经网络(Adaline)。参考文献[3]是由深度学习领域的一些顶尖专家编写的杰出著作，可以在完成我们现在这本书的学习之后自然过渡到该书，进一步拓展学习。我们要推荐的最后一本书是参考文献[4]，不过这可能是要求最为苛刻的一本书。这是一部非常棒的著作，但对读者有比较高的要求，建议在学习完参考文献[3]后再来阅读这本书。当然，除了上面列举的 4 本著作以外，还有很多非常棒的参考文献，不过，我们认为列出的这 4 本精选著作可以很好地补充和加强本书中介绍的内容。

任何神经网络都是由简单的基本元素组成的。在上一章中，就曾经遇到过一种简单的神经网络，那就是逻辑回归，不过，我们并没有对其进行深入的介绍。

浅层人工神经网络由两到三层构成，层数更多的神经网络被认为是深层人工神经网络。就像逻辑回归一样，人工神经网络有一个用于存储输入的输入层。保存输入的每个元素被称为一个"神经元"。然后，逻辑回归有一个所有输入都指向的点，这就是它的输出(这也是一个神经元)。简单神经网络也是如此，不过，它可以具有多个输出神经元来构成输出层。与逻辑回归不同的是，在输入层和输出层之间可能存在"隐藏"层。根据视角的不同，可以将神经网络认为是具有多个主力神经元的逻辑回归，在这些主力神经元之后，有一个最终的主力神经元来"协调"它们的结果；或者，也可以将其认为是在输入和旧的主力神经元(在逻辑回归中已经存在的)之间挤入一整层主力神经元的逻辑回归。这两种观点对于发展神经网络的直觉知识都非常有用，在本章后面的介绍中要始终牢记这一点，因为我们会为了方便讲解而从一种观点切换到另一种观点。

图 4.1 中显示了一个简单三层神经网络的结构。一层的每个神经元都连接到下一层的所有神经元，但它会乘以一个所谓的权重(用于确定上一层中有多少数量传输到下一层的给定神经元)。当然，权重并不依赖于初始神经元，而是依赖于初始神经元-目标神经元对。这意味着，比如说神经元 N_5 与神经元 M_7 之间的连接具有权重 w_k，而神经元 N_5 与神经元 M_3 之间的连接具有不同的权重 w_j。这些权重碰巧可能会具有相同的值，但在绝大多数情况下，它们的值往往是不同的。

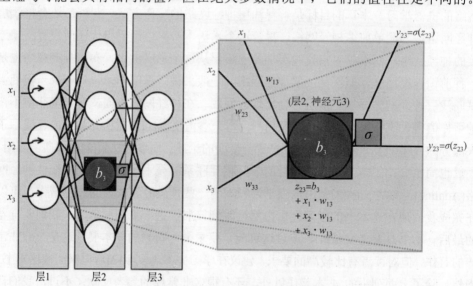

图 4.1 一个简单的神经网络

通过神经网络的信息流从第一层神经元(输入层)开始，经过第二层神经元(隐藏层)流入第三层神经元(输出神经元)。现在，再回到图 4.1。输入层由三个神经元构成，其中的每一个都可以接收一个输入值，它们通过变量 x_1、x_2 和 x_3 来表示 (实际输入值将是这些变量的值)。第一层的唯一作用就是接收输入。输入层中的每个神经元可以生成一个输出。输入值的数量可以少于输入神经元的数量(这种情况下，可以为未使用的神经元指定 0)，但是，网络可以接收的输入值数量不能超过具有的输入神经元数量。输入可以表示为一个序列 $x_1, x_2, \cdots, x_n$ (实际上与行向量是相同的)，也可以表示为一个列向量 $x := (x_1, x_2, \cdots, x_n)^{\mathrm{T}}$。这些是相同数据的不同表示形式，我们总是会选择有助于更轻松、快速地完成所需运算的表示形式。在选择数据表示形式时，只需要考虑计算效率，而没有任何其他方面的限制。

　　输入层中的每个神经元都连接到隐藏层中的所有神经元，但同一层中的神经元不能相互连接。层 k 中的神经元 j 与层 n 中的神经元 m 之间的每个连接所具有的权重表示为 w_{jm}^{kn}，并且，由于通常可以从上下文中明确地看出连接的是哪些层，因此可以省略上标，而简单地表示为 w_{jm}。权重控制初始值有多少将转入给定的神经元，因此，如果输入是 12，目标神经元的权重是 0.25，那么目标神经元接收到的值将是 3。权重可以使值减小，不过，它们也可以使值增大，因为它们并未限定在 0 到 1 之间。

　　现在，再次回到图 4.1，解释右侧放大后的神经元。这个放大的神经元(第 2 层中的第 3 个神经元)获得的输入是上一层中的输入与对应权重的乘积之和。在这个例子中，输入是 x_1、x_2 和 x_3，权重分别是 w_{13}、w_{23} 和 w_{33}。每个神经元中都具有一个可修改值，称为偏差，在我们的例子中表示为 b_3，这个偏差会加到之前计算的和中。得到的结果称为分对数，按照惯例一般使用 z 来表示(在我们的例子中，表示为 z_{23})。

　　一些比较简单的模型[1]只是简单地将计算出来的分对数作为输出，但绝大多数模型会对得到的分对数应用一个非线性函数(也称为非线性或激活函数)，然后将生成的结果作为输出。按照惯例，输出使用 y 表示(在我们的例子中，放大的神经元的输出为 y_{23})。[2]一般情况下，非线性函数可以称为 $S(x)$，或者也可以使用给定函数的名称来指代。最常用的函数是 S 型函数或逻辑函数。之前曾经遇到过这种函数，就是在介绍逻辑回归中的主函数时。逻辑函数获取分对数 z，并返回其输出 $\sigma(z) = \dfrac{1}{1 + e^{-z}}$。逻辑函数会将其接收到的所有内容都"挤压"成一个 0 到 1 之间的值，这样做的意义是什么呢？比较直观的解释就是，它会计算输出在给定输入

---

1 这些模型称为线性神经元。

2 对于线性神经元，我们仍然希望使用同样的表示法，不过，需要设置 $y_{23} := z_{23}$。

下的概率。

　　下面来做一些备注说明。不同的层可能具有不同的非线性函数，这一点会在后面的章节中看到，但是，同一层的所有神经元会对其分对数应用相同的非线性函数。此外，一个神经元的输出在其每个发送方向上的值相同。再回到图 4.1 中那个放大的神经元，该神经元将 y_{23} 发送到各个方向，这两个方向上的值是相同的。最后再说明一点，还是以图 4.1 为例进行说明，请注意，下一层中的分对数将按照相同的方式进行计算。例如，如果要获取 z_{31}，其计算方式为 $z_{31} = b_{31} + w_{11}^{23} y_{21} + w_{21}^{23} y_{22} + w_{31}^{23} y_{23} + w_{41}^{23} y_{24}$。对 z_{32} 执行相同的操作，然后通过对 z_{31} 和 z_{32} 应用所选的非线性函数，可以获得最终输出。

4.2　使用向量和矩阵表示网络分量

　　先来回顾一下 $m \times n$ 矩阵的一般形状(m 是行数，n 是列数)。

$$\begin{bmatrix} a_{11} & a_{12} & a_{13} & \cdots & a_{1n} \\ a_{21} & a_{22} & a_{23} & \cdots & a_{2n} \\ \vdots & \vdots & \vdots & \ddots & \vdots \\ a_{m1} & a_{m2} & a_{m3} & \cdots & a_{mn} \end{bmatrix}$$

　　假定需要使用矩阵运算来定义图 4.2 中绘制的过程。

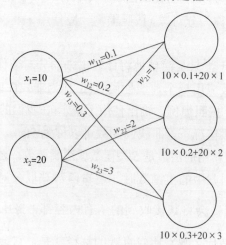

图 4.2　网络中的权重

　　第 3 章已经介绍了如何使用矩阵运算符来表示逻辑回归的计算。在这里，采用相同的方法，但对象是简单前馈神经网络。如果希望输入采用图中所示的垂直排列形式，可以将其表示为一个列向量，即 $x = (x_1, x_2)^T$。图 4.2 也提供了网络中的中间值，因此，可以对计算的每一步进行验证。正如前面章节中所解释的，如果 A 是一个矩阵，j 行、k 列中的矩阵项表示为 $A_{j,k}$ 或 A_{jk}。如果想要"切换"j 和 k，则需要矩阵 A 的转置，表示为 A^T。因此，对于矩阵 A 和 A^T 中的所有条目，以下结论成立：A_{jk} 与 A_{kj}^T 具有相同的值，即 $A_{jk} = A_{kj}^T$。在以向量和矩阵表示神经网络中的运算时，需要尽量减少转置的使用(因为每一次使用都需要付出一定的计算成本)，并使运算尽可能的自然、简单。另一方面，矩阵转置的成本并不是非常高，有时候保持直观更好一些，速度并不是非常重要。在我们的例子中，想要使用名为 w_{23} 的变量表示连接第 1 层中的第二个神经元和第 2 层中的第三个神经元的权重 w。可以看到，下标保存的是连接层中的哪个神经元的相关信息，然而，有人可能会问，在哪里存储关于层的信息。答案非常简单，该信息最好以程序代码的形式存储在矩阵名称中，例如 input_to_hidden_w。需要注意的是，可以使用对应的"数学名称"来称呼矩阵，例如 u，或者也可以使用对应的"代码名称"，例如 hidden_to_output_w。因此，对于图 4.2，可以将连接两层的权重矩阵表示为：

$$\begin{bmatrix} w_{11}(=0.1) & w_{12}(=0.2) & w_{13}(=0.3) \\ w_{21}(=1) & w_{22}(=2) & w_{23}(=3) \end{bmatrix}$$

将这个矩阵称为 w(可以向其名称中添加下标或上标)。使用矩阵乘法运算 $w^T x$，可以得到一个 3×1 矩阵，也就是列向量 $z = (21, 42, 63)^T$。

通过描述的这些内容，以及神经元和连接结构，数据在网络中向前推进的过程被称为顺推。顺推其实就是输入经过神经网络时发生的计算的和。可以将每一层视为计算一个函数。然后，如果 x 是输入向量，y 是输出向量，f_i、f_h 和 f_o 分别是在每一层计算的总体函数(积、和以及非线性)，那么可以说 $y = f_o(f_h(f_i(x)))$。将来通过反向传播解决权重更正时，这种表示神经网络的方式将非常重要。

要想完整指定神经网络，需要：

● 网络中的层数；

● 输入的大小(该值与输入层中的神经元数量相同)；

● 隐藏层中的神经元数量；

● 输出层中的神经元数量；

● 权重的初始值；

● 偏差的初始值。

需要注意的是，神经元不是对象。它们以矩阵中的项的形式存在，因此，它

们的数量是指定矩阵所必需的。权重和偏差扮演着非常重要的角色：神经网络的
主要功能是找出一组合适的权重和偏差，实现这一目的的方式是通过反向传播进
行训练，而反向传播是顺推过程的反转。它的主要作用是度量网络在分类时出现
的误差，并对权重进行修改，从而使该误差变得非常小。本章剩余的部分将重点
介绍反向传播，不过，由于这是深度学习中最重要的主题，因此，将通过很多例
子慢慢地介绍。

4.3   感知器法则

正如之前提到的，神经元中的学习过程其实就是在训练过程中使用反向传
播修改或更新权重和偏差。稍后，将为大家解释反向传播算法。在分类的过程
中，只会进行顺推。人工神经元的早期学习过程之一就是感知器学习。感知器
由一个二元阈值神经元(也称为二元阈值单元)和感知器学习法则组成，二者组合
在一起看起来像是一个修正的逻辑回归。下面来正式定义二元阈值神经元：

$$z = b + \sum_i w_i x_i$$

$$y = \begin{cases} 1, z \geqslant 0 \\ 0, \text{其他情况下} \end{cases}$$

其中，x_i 是输入，w_i 是权重，b 是偏差，而 z 是分对数。第二个方程式定义决
定，通常是使用非线性函数来完成的，不过，在这里使用的是二元阶跃函数(顾名
思义，它分为两种情况)。稍微扩展一下，为大家介绍可以将偏差吸收为权重之一，
因此，只需要权重更新法则。图 4.3 中显示了这种情况：为了将偏差吸收为一个
权重，需要添加一个值为 1 的输入 x_0，而偏差就是这个输入的权重。请注意，下
面就是这一过程的表示形式。

$$z = b + \sum_i w_i x_i = w_0 x_0 (= b) + w_1 x_1 + w_2 x_2 + \cdots$$

根据上面的方程式，b 可能是 x_0 或 w_0 (另一个必须为 1)。由于想要通过学习
来更改偏差，而输入不会发生更改，因此，必须将其作为权重来处理。我们将这
一过程称为偏差吸收。

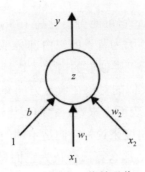

图 4.3　偏差吸收

按照下面所述对感知器进行训练(这就是感知器学习法则[1])。

(1) 选择一种训练情况。

(2) 如果预测的输出与输出标签匹配，则不执行任何操作。

(3) 如果感知器预测为 0，但原本应该预测为 1，则将输入向量与权重向量相加。

(4) 如果感知器预测为 1，但原本应该预测为 0，则从权重向量中减去输入向量。

例如，假设输入向量为 $x = (0.3, 0.4)^T$，且偏差为 $b = 0.5$，权重为 $w = (2, -3)^T$，目标[2]为 $t = 1$。首先计算当前的分类结果：

$$z = b + \sum_i w_i x_i = 0.5 + 2 \bullet 0.3 + (-3) \bullet 0.4 = -0.1$$

由于 $z < 0$，因此，感知器的输出为 0，但原本应该为 1。这意味着，需要使用感知器法则中的第(3)条，将输入向量与权重向量相加。

$$(w, b) \leftarrow (w, b) + (x, 1) = (2, -3, 0.5) + (0.3, 0.4, 1) = (2.3, -2.6, 1.5)$$

如果无法选择添加手动设计的特征，那么感知器算法的局限性是非常大的。Minsky 和 Papert 于 1969 年提出了一个简单的问题(见参考文献[5])，认为每个分类问题都可以理解为对数据的查询。这意味着我们有一个属性，希望输入证明这个属性是正确的。机器学习其实就是以输入中存在的(数值)属性来定义这种复杂属性的方法。然后，查询会检索满足此属性的所有输入点。假设我们有一个由人员及其身高和体重组成的数据集。为了仅返回身高超过 175 cm 的人，应该使用以下形式的查询：select * from table where cm＞175。而另一方面，如果只有面部照片的 jpg 文件，照片中的面部后面带有黑白米尺，那么需要一个分类器来确定人员的身高，然后相应地对他们进行排序。需要注意的是，该分类器不

---

1 正式地说，所有使用感知器法则的单元都应该被称为感知器,而不仅仅是二元阈值单元。

2 目标也称为期望值或真正的标签，通常使用 t 表示。

使用数字，而使用像素，因此，它可能得出身高 155cm 的人与身高 175cm 的人类似，而不是身高 165cm 的人，因为背景的黑白部分是类似的。这意味着机器学习算法会学习与给定的信息表示"类似"的内容，这种类似可能只是某一方面的类似。例如，可能在数值方面类似的对象在像素方面并不是类似的，反过来也是一样。就以数字 6 和 9 来说，从表面上来看，它们很接近(只需要对一个进行旋转即可得到另一个)，但从数值的角度来说，它们是不同的。如果提供给算法的表示是像素形式的，并且可以旋转[1]，那么算法会认为它们是相同的。

在进行分类时，机器学习算法(感知器就是一种类型的机器学习算法)会选择某些数据点，并认为其属于某一类别，而其他数据点则不属于这一类别。这意味着其中的一部分将获得标签 1，而另一部分获得标签 0，希望这种学习划分可以捕捉到一些基本的事实：标记为 1 的数据点实际上是"一"，标记为 0 的数据点实际上是"零"。逻辑学和理论计算机科学中的典型查询被称为奇偶校验。此查询是针对数据的二进制字符串进行的，只有那些具有相同数量的 1 和 0 的数据点才会被选中并指定标签 1。奇偶校验可以放松要求，只考虑长度为 n 的字符串，在这种情况下，可以形式化地将其命名为 $\text{parity}_n(x_0, x_1, \ldots, x_n)$，其中，每个 x_i 是一个二进制数字(或位)。parity_2 也称为异或(XOR)，它也是一种称为不相容析取的逻辑函数。异或运算接收两个数位，当且仅当具有相同数量的 1 和 0 时，返回 1，并且由于它们是二进制字符串，因此只有一个 1 和一个 0。需要注意的是，可以同等地使用交换生成的 0 和 1 的逻辑等价形式，因为它们只是类别的名称，并没有过多的含义。因此，异或运算可以给出以下映射：$(0,0) \mapsto 0, (0,1) \mapsto 1, (1,0) \mapsto 1, (1,1) \mapsto 0$。

当我们具有异或问题时(或者这种意义上的任何奇偶校验实例)，感知器无法通过学习来对输入进行分类，以使它们获得正确的标签。这意味着，具有两个输入神经元(用于接收异或运算的两个数位)的感知器无法调整其两个权重，以分离在异或运算中传入的 1 和 0。更正式地说，如果通过 w_1、w_2 和 b 来表示感知器的权重和偏差，并接收以下奇偶校验实例：$(0,0) \mapsto 1, (0,1) \mapsto 0$ 和 $(1,0) \mapsto 0, (1,1) \mapsto 1$，则可得到 4 个不等式，如下所示。

(1) $w_1 + w_2 \geqslant b$；

(2) $0 \geqslant b$；

(3) $w_1 < b$；

(4) $w_2 < b$；

---

1 作为一种简单的应用，可以考虑监控摄像头的图像识别系统。在这种情况下，对看到的数字进行分类时，不需要考虑其方向。

不等式(1)成立是因为，如果 $(x_1 = 1, x_2 = 1) \mapsto 1$，则仅当 $w_1 x_1 + w_2 x_2 = w_1 \cdot 1 + w_2 \cdot 1 = w_1 + w_2$ 大于或等于 b 时，才能得到输出 1，这意味着 $w_1 + w_2 \geqslant b$。

不等式(2)成立是因为，如果 $(x_1 = 0, x_2 = 0) \mapsto 1$，则仅当 $w_1 x_1 + w_2 x_2 = w_1 \cdot 0 + w_2 \cdot 0 = 0$ 大于或等于 b 时，才能得到输出 1，这意味着 $0 \geqslant b$。

不等式(3)成立是因为，如果 $(1,0) \mapsto 0$，则 $w_1 x_1 + w_2 x_2 = w_1 \cdot 1 + w_2 \cdot 0 = w_1$，为使感知器得出 0，$w_1$ 需要小于偏差 b，也就是 $w_1 < b$。

不等式(4)可以按照与(3)类似的方式推导出来。通过将(1)和(2)相加，可以得到 $w_1 + w_2 \geqslant 2b$，而通过将(3)和(4)相加，可以得到 $w_1 + w_2 < 2b$。很容易就能看出来，这个不等式组没有解。

这意味着号称常规人工智能一大利器的感知器甚至都无法学习逻辑等式。建议的解决方法是建立"多层感知器"。

4.4　Delta 法则

建立"多层感知器"的主要问题在于，不知道如何扩展感知器学习法则以处理多个层。由于需要多个层，唯一的选项似乎就是放弃感知器法则，而使用另外一种更强壮并且能够跨层学习权重的法则。之前已经提到过这种法则，那就是反向传播。它由 Paul Werbos 首先发现，并在他的博士论文(见参考文献[6])中提出，不过当时并没有引起人们的注意。1981 年，David Parker 也发现了这一法则，他曾尝试就此申请专利，不过后来在 1985 年又将其公开发表(见参考文献[7])。第三次也是最后一次独立发现这一法则的分别是 Yann LeCun 于 1985 年(见参考文献[8])，Rumelhart、Hinton 和 Williams 于 1986 年(见参考文献[9])。

为了看看我们想要实现的结果，来看一个例子[1]，假设每天我们都会从附近的超市买午餐。每一天，我们的一顿饭包含一块鸡肉、两个烤西葫芦和一勺米饭。收银员只给我们提供了总金额，每天会有一些差异。假设上述每一部分的单价是不变的，只需要对食物称重即可知道需要多少钱。需要注意的是，一顿饭不足以推导出各部分的价格，因为包含三部分[2]，我们不知道总价增加的 1 欧元应该分摊到哪一部分。

1　这是 Geoffrey Hinton 给出的例子的改良版本。

2　例如，如果我们只买鸡肉，则通过分析可以轻松得出鸡肉的价格，由于总价=单价·数量，因此可以得出单价=$\dfrac{总价}{数量}$。

请注意，每千克的价格实际上类似于神经网络权重。为了看到这一点，可以考虑如何找到这一顿饭各个部分的每千克的价格：猜测一下各个部分的每千克的价格乘以今天的数量，然后将它们的和与实际支付的价格进行比较。可以看到两个结果相差 6 欧元(举例来说)。现在，必须找出"差"在哪些部分。你可以约定每一部分相差 2 欧元，然后将约定的每千克的价格重新调整 2 欧元，等到下一顿饭的时候看看结果是不是会变得更好。当然，你也可以约定三部分的价格差分别是 3 欧元、2 欧元和 1 欧元，不管是哪种方式，都需要等到下一顿饭获取新的每千克的价格，然后重新尝试，看看相差的结果是变小还是变大。当然，你需要更正估计值，使得每一顿饭后相差的结果越来越小，希望通过这种方式可以得到一个好的近似值。

需要注意的是，存在一个真实的每千克的价格，但是我们并不知道具体是多少，我们的方法就是尝试通过度量与总价格相差的程度来找出这个真实值。在这个过程中存在着一定的"间接性"，这非常有用，它是神经网络的本质。一旦找到比较适合的近似值，就可以使用适当的精度计算将来所有用餐的总价格，而不需要找出实际价格。[1]

下面对此示例做更深入的分析。每一顿饭都具有下面的一般形式：

$$total = ppk_{chicken} \cdot quant_{chicken} + ppk_{zucchini} \cdot quant_{zucchini} + ppk_{rice} \cdot quant_{rice}$$

其中，total 是总价格，quant 是数量，而 ppk 是每一部分的每千克价格。对于每一顿饭来说，我们知道总价格和数量。因此，每一顿饭对 ppk 施加一个线性约束。但是，仅凭这一点，无法解决此问题。如果将此公式插入到最初的(或后续更正的)"大致估计值"[2]，也可以得到预测值，并且通过将其与真实的(目标)总计值进行比较，还可以得到一个误差值，由此了解预测差了多少。如果在每一顿饭之后，我们的预测偏差越来越小，则说明我们的工作是卓有成效的。

假设真实的价格是 $ppk_{chicken} = 10$，$ppk_{zucchini} = 3$ 和 $ppk_{rice} = 5$。接下来，首先给出如下大致估计值：$ppk_{chicken} = 6$，$ppk_{zucchini} = 3$ 和 $ppk_{rice} = 3$。我们买了 0.23 千克的鸡肉、0.15 千克的烤西葫芦及 0.27 千克的米饭，总共支付了 3 欧元。通过将我们猜测的价格与购买的数量相乘，可以分别得到 1.38、0.45 和 0.81，加起来一共是

1 实际上，这可能远比只是向为你提供午餐服务的人询问各个部分的每千克的价格要复杂得多，但是你可以想象这个人就是电视剧 *Seinfeld* 中的流动厨房的汤贩(第116集，或S07E06)。

2 猜测的估计值。我们现在使用这个术语只是为了让大家意识到，应该尽量保持直观明了，这里并不是猜测初始值，例如12000、4533233456、0.0000123，而且并不是因为它无法求解，而是因为需要更多的步骤来假设一种形式，以便可以看出其中的规律。

2.64，比真实的价格少了 0.35。该值被称为残差，我们希望通过进一步的迭代(后续的每一顿饭)最大限度地减小该值，因此，需要将残差分布到各个 ppk。按照以下形式更改 ppk 即可完成此操作：

$$\Delta \text{ppk}_i = \frac{1}{n} \cdot \text{quant}_i(t - y)$$

其中，$i \in \{\text{chicken, zucchini, rice}\}$，$n$ 是该集合的基数(也就是元素数)，在这个例子中是3，quant_i 是 i 的数量，t 是总价格，而 y 是预测总价格。这就是所谓的Delta法则。如果使用标准神经网络表示法来重写上面的公式，就会变成下面的样子。

$$\Delta w_i = \eta x_i(t - y)$$

其中，w_i 是权重，x_i 是输入，而 $t - y$ 是残差。η 被称为学习率，其默认值应该是 $1/n$，但是，并没有对它施加约束，因此，使用像 10 这样的值也是完全没有问题的。不过，实际上，我们希望 η 的值非常小，通常情况下为 10^{-n} 的形式，也就是 0.1、0.01 之类的值，但是，也会使用诸如 0.03 或 0.0006 之类的值。学习率是超参数的一个示例，超参数指的是神经网络中无法学习的参数，例如正则参数(比如权重和偏差)，需要手动对其进行调整。超参数的另一个示例是隐藏层大小。

学习率控制残差中有多少会向下传递到要更新的各个权重。如果学习率比较接近 $1/n$，那么该数字的比例分配并不是那么重要。例如，如果 $n = 90$，那么使用比例学习率 $\frac{1}{90}$ 以及学习率 0.01 几乎是一样的。从实用的角度来说，最好使用接近比例学习率或更小的学习率。使用比比例学习率更好的学习率的好处在于，只需要在正确的方向上对权重进行少量的更新即可。这样做会带来以下两方面的结果：①学习所需的时间更长；②学习的精确度大大提高。之所以学习所需的时间会变长，主要是因为在采用较小的学习率的情况下，每次更新仅完成所需更改的一部分，而精确度会提高的原因在于，受一个学习步骤过度影响的可能性大大降低。后面会对此进行更深入的介绍，让大家理解得更为透彻。

4.5　从逻辑神经元到反向传播

上面定义的 Delta 法则适用于称为线性神经元的简单神经元，这种神经元甚至比二元阈值单元还要简单。

$$y = \sum_i w_i x_i = \boldsymbol{w}^{\mathrm{T}} \boldsymbol{x}$$

为了使 Delta 法则正常发挥作用，需要使用一个函数，该函数应该度量我们是否得到了正确的结果，如果没有，与正确的结果相差多少。通常情况下，该函数称为误差函数或代价函数，传统的表示方法是 $E(x)$ 或 $J(x)$。我们将使用均方误差：

$$E = \frac{1}{2} \sum_{n \in \text{train}} \left(t^{(n)} - y^{(n)} \right)^2$$

其中，$t^{(n)}$ 表示训练情况 n 的目标($y^{(n)}$也是一样，不过它指的是预测值)。训练情况 n 其实就是一个训练示例，例如一个图像或者表中的一行。均方误差对所有训练情况 n 的误差进行求和，在此之后，将更新权重。度量距离命中靶心的距离的自然选择是使用与符号无关的绝对值来度量距离，但是，选择差的二次方背后的原因在于，对差进行二次方运算可以得到类似于绝对值的度量(尽管量级变得更大，但这不是问题，因为只是使用它的相对意义，而不是绝对意义)，不过，还可以额外获得一些非常好的属性以供在将来使用。

下面介绍如何从 SSE 推导出 Delta 法则，从而发现它们是相同的。[1]首先使用上面定义均方误差的方程式并计算 E 相对于 w_i 的微分，从而得到：

$$\frac{\partial E}{\partial w_i} = \frac{1}{2} \sum_n \frac{\partial y^{(n)}}{\partial w_i} \frac{\mathrm{d} E^{(n)}}{\mathrm{d} y^{(n)}}$$

这里使用的是偏导数，因为只需要考虑一个 w_i，而将其他所有的都视为常量，但除此之外，整体行为与寻常导数是一样的。上面的公式告诉我们一点：为了找出 E 相对于 w_i 如何变化，必须找出 $y^{(n)}$ 相对于 w_i 如何变化，以及 E 相对于 $y^{(n)}$ 如何变化。这是求导链式法则的一个非常好的应用示例。在第 2 章中曾经介绍过链式法则，不过，接下来会对求导运算做一个回顾，这样大家就不必再返回去了解相关内容。非正式地说，链式法则类似于分数乘法，如果回想一下，可以知道浅层神经网络是一般形式 $y = f_o \left(f_h \left(f_i(x) \right) \right)$ 的一种结构，很容易就能发现，很多地方都会用到链式法则，特别是随着进一步研究深度学习并添加更多层，链式法则的应用会越来越广泛。

稍后，会对求导进行解释说明。下面的方程式表示在所有训练情况加总到一起的情况下，权重更新与误差求导成比例。

$$\Delta w_i = -\eta \frac{\partial E}{\partial w_i} = \sum_n \eta x_i^{(n)} \left(t^{(n)} - y^{(n)} \right)$$

---

1 并不是说它们使用的是相同的公式，而是说它们指代同一个过程，可以从一个推导出另一个。

继续介绍实际求导。将推导出某个逻辑神经元(也称为sigmoid神经元)的结果，之前已经对其进行过介绍，但现在还要再次对其进行定义。

$$z = b + \sum_i w_i x_i$$

$$y = \frac{1}{1 + e^{-z}}$$

回想一下之前的介绍可以知道，z 是分对数。我们立即吸收偏差，这样就不必单独对其进行处理。我们将计算逻辑神经元对权重的导数，读者如果愿意，可以将此过程改成更简单的线性神经元。正如之前介绍过的，链式法则是获取导数的最佳方法，而链式法则的"中间变量"是分对数。第一部分 $\frac{\partial z}{\partial w_i}$ 等于 x_i，由于

$z = \sum_i w_i x_i$ (我们已经吸收了偏差)。同理，$\frac{\partial z}{\partial x_i} = w_i$。

输出对分对数的导数是一个简单的表达式，即 $\frac{dy}{dz} = y(1-y)$，但是，其求导过程并不是那么容易。下面回顾使用的求导法则[1]。

- LD：微分是线性的，因此可以对各个加数分别求微分，然后提取出常量因子 $[f(x)a + g(x)b]' = a \cdot f'(x) + b \cdot g'(x)$。

- Rec：倒数法则 $\left[\dfrac{1}{f(x)}\right]' = -\dfrac{f'(x)}{f(x)^2}$。

- Const：定项法则 $c' = 0$。

- ChainExp：指数链式法则 $\left[e^{f(x)}\right]' = e^{f(x)} \cdot f'(x)$。

- DerDifVar：推导微分变量 $\dfrac{dy}{dz}z = 1$。

- Exp：指数法则 $\left[f(x)^n\right]' = n \cdot f(x)^{n-1} \cdot f'(x)$。

现在，可以开始求导 $\dfrac{dy}{dz}$。首先从 y 的定义开始，即使用

---

1 为了便于阅读，我们有意在法则中混合使用了牛顿表示法和莱布尼茨表示法，因为其中某些法则采用一种表示法更为直观，而另外一些法则采用另一种表示法更为直观。如果读者对相关表示法不是很熟悉，可以返回到第1章，其中给出了两种表示法的所有公式。

$$\frac{dy}{dz}\frac{1}{1+e^{-z}}$$

在这个表达式基础上，通过应用 Rec 法则，可以得到

$$-\frac{\dfrac{dy}{dz}(1+e^{-z})}{(1+e^{-z})}$$

在这个表达式基础上，通过应用 LD 法则，可以得到

$$-\frac{\dfrac{dy}{dz}1+\dfrac{dy}{dz}e^{-z}}{(1+e^{-z})^2}$$

针对分子中的第一个加数，应用 Const 法则，其变为 0。针对第二个加数，应用 ChainExp 法则，其变为 $e^{-z}\cdot\dfrac{dy}{dz}(-z)$，这样就得到

$$-\frac{e^{-z}\cdot\dfrac{dy}{dz}(-z)}{(1+e^{-z})^2}.$$

通过应用 LD 法则，对 z 隐式提取出常量因子-1，可以得到

$$-\frac{-1\cdot\dfrac{dy}{dz}z\cdot e^{-z}}{(1+e^{-z})^2}$$

在此基础上应用 DerDifVar 法则，可以得到

$$-\frac{-1\cdot e^{-z}}{(1+e^{-z})^2}$$

整理一下符号，即可得到

$$\frac{e^{-z}}{(1+e^{-z})^2}$$

因此

$$\frac{dy}{dz}=\frac{e^{-z}}{(1+e^{-z})^2}$$

下面将右侧因式分解为两个因子，分别称为 A 和 B。

$$\frac{e^{-z}}{\left(1+e^{-z}\right)^2} = \frac{1}{1+e^{-z}} \cdot \frac{e^{-z}}{1+e^{-z}}$$

显而易见，根据 y 的定义，可以知道 $A = y$。下面重点看一下 B：

$$\frac{e^{-z}}{1+e^{-z}} = \frac{(1+e^{-z})-1}{1+e^{-z}} = \frac{1+e^{-z}}{1+e^{-z}} - \frac{1}{1+e^{-z}} = 1 - \frac{1}{1+e^{-z}} = 1 - y$$

由此可知，$A = y$，$B = 1 - y$，并且 $\dfrac{dy}{dz} = A \cdot B$，在此基础上，可以得出

$$\frac{dy}{dz} = y(1-y)$$

有了 $\dfrac{\partial z}{\partial w_i}$ 和 $\dfrac{dy}{dz}$，使用链式法则，可以得到

$$\frac{\partial y}{\partial w_i} = x_i y(1-y)$$

需要的下一项是 $\dfrac{dE}{dy}$ [1]。将对此导数使用与 $\dfrac{dy}{dz}$ 相同的法则。回想前面的介绍可以知道 $E = \dfrac{1}{2}(t^{(n)} - y^{(n)})^2$，不过，将使用 $E = \dfrac{1}{2}(t-y)^2$ 的形式，这种形式主要关注一个目标值 t 以及一个预测值 y。

因此，需要找出

$$\frac{dE}{dy}\left[\frac{1}{2}(t-y)^2\right]$$

通过应用 LD 法则，可以得到

$$\frac{1}{2}\frac{dE}{dy}(t-y)^2$$

通过应用 Exp 法则，可以得到

$$\frac{1}{2} \cdot 2 \cdot (t-y) \cdot \frac{dE}{dy}(t-y)$$

通过简单的相消可以得到

---

1 严格来说，我们需要的是 $\dfrac{\partial E}{\partial y(n)}$，不过，这种一般化没有太大的影响，我们之所以选择简化形式，是为了提高可读性。

$$(t-y) \cdot \frac{\mathrm{d}E}{\mathrm{d}y}(t-y)$$

通过应用 LD 法则，可以得到

$$(t-y) \cdot \frac{\mathrm{d}E}{\mathrm{d}y} t \cdot \frac{\mathrm{d}E}{\mathrm{d}y} y$$

由于 t 是一个常量，其导数为 0(Const 法则)，并且，由于 y 是微分变量，其导数为 1 (DerDiVar 法则)。通过整理表达式，可以得到 $(t-y)(0-1)$，最终得到 $-1 \cdot (t-y)$。

现在，已经拥有了使用链式法则对逻辑神经元的学习法则进行公式表示所需的所有元素。

$$\frac{\partial E}{\partial w_i} = \sum_n \frac{\partial y^{(n)}}{\partial w_i} \frac{\partial E}{\partial y^{(n)}} = -\sum_n x_i^{(n)} y^{(n)} (1 - y^{(n)})(t^{(n)} - y^{(n)})$$

需要注意的是，这与线性神经元的 Delta 法则非常相似，只是它还额外增加了 $y^{(n)}(1 - y^{(n)})$。这部分是逻辑函数的斜率。

4.6   反向传播

到目前为止，已经介绍了如何使用导数来学习逻辑神经元的权重，如果不是为了解这些内容，应该已经对反向传播进行了比较深入的介绍，因为反向传播实际上也是同样的过程，只不过是多次应用，从而通过各个层"反向传播"误差。严格来说，逻辑回归(由输入层和一个逻辑神经元组成)不需要使用反向传播，但上一节中介绍的权重学习过程实际上就是一个简单的反向传播。随着逐渐增加层，并不会增加更多复杂的计算，而只是增加很多上面所述的计算。然而，还是有一些事项需要去关注。

接下来，将介绍前馈神经网络的反向传播的所有必要细节，不过，首先要了解其背后的直觉知识。在第 2 章中，已经解释了梯度下降算法的原理，这里还会根据需要再次介绍其中的一些概念。误差反向传播基本上就是梯度下降。从数学的角度来说，反向传播表示如下：

$$w_{\text{updated}} = w_{\text{old}} - \eta \nabla E$$

其中，w 表示权重，η 表示学习率(为简便起见，目前你可以将其认为是 1)，而 E 是用于度量整体性能的代价函数。还可以使用计算机科学表示法将上面的表

示形式书写为向 w 赋予新值的法则，如下所示。

$$w \leftarrow w - \eta \nabla E$$

上述法则可以理解为 "w 的新值是 w 减去 $\eta \nabla E$"。这并不是循环[1]，因为它的公式表示形式为赋值($\leftarrow$)，而不是定义(=或:=)。这意味着，首先，对右侧进行计算，然后将得到的新值赋予 w。需要注意的是，如果从数学的角度表示这一点，将获得一个递归定义。

我们可能想知道是否可以不使用导数和梯度下降，而是通过一种更简单的方式来完成权重学习。[2]在这种情况下，可以尝试下面的方法：选择一个权重 w，然后对其稍加修改，看看是否有所帮助。如果有所帮助，则保留更改。如果这样做导致情况变得更糟，则按照相反的方向进行更改(也就是说，不是在权重的基础上增加较小的数量，而是从中减去较小的数量)。如果这样做可以变得更好，则保留更改。如果两种更改方式都不能使最终结果有所改善，可以得出结论：w 原本就是完美的，然后就可以转移到下一个权重 v。

在这种情况下，马上就会出现三个问题。首先，该过程花费的时间太长。权重更改以后，需要针对每个权重至少处理一组训练示例，看看与更改之前相比是变好了还是变坏了。简单地说，这需要非常大的计算量。第二，这里是一个一个地更改权重，这样的话，并不知道某种权重组合会不会产生更好的效果，例如，如果分别更改 w 或 v(在其中一个或另一个的基础上增加较小的数量或减去较小的数量)，可能会使分类误差变得更糟，但是，如果通过同时向二者增加较小的数量来对它们进行更改，效果可能会更好。上面提到的第一个问题可以通过使用梯度下降来解决[3]，而第二个问题只能部分得到解决。这个问题通常称为局部最优。

第三个问题就是，在学习接近结束时，更改必须很小，可能出现算法测试的 "小更改" 太大，无法成功学习的情况。反向传播也有这种问题，通常可以通过使用动态学习率(随着学习向前推进而不断减小)来解决。

---

1 如果相同的项同时出现在被定义者(被定义的对象)和定义(使用它来定义对象)中，也就是出现在= (更精确地说是:=)的两端，那么定义是循环的，在我们的这种情况下，该项是 w。递归定义在两侧具有相同的项，但在定义侧(定义)，它需要 "小一些"，这样就可以通过返回到起始点来求解定义。

2 如果回想一下前面介绍的内容，可以知道感知器法则也可以作为一种 "更简单的" 学习权重的方式，但它有一个最大的缺点，就是无法一般化到多个层的情况。

3 不过，需要指出的是，整个深度学习领域就是围绕如何使用梯度下降算法解决在深度网络中应用时出现的各种问题展开的。

如果将此方法形式化，可以得到称为有限差分近似[1]的方法。

(1) 对于每个权重 $w_i(1 \leqslant i \leqslant k)$，通过向其增加一个较小的常量 ε (例如，值为 10^{-6})对其进行调整，然后(仅在更改 w_i 的情况下)评估整体误差(将此表示为 E_i^+)

(2) 将权重更改回其初始值 w_i 并从中减去 ε,然后重新评估误差(将此表示为 E_i^-)

(3) 针对所有权重 $w_j, \leqslant j \leqslant k$，执行上述操作

(4) 完成后，新的权重将设置为 $w_i \leftarrow w_i - \dfrac{E_i^+ - E_i^-}{2\varepsilon}$

有限差分近似在对梯度进行近似计算方面表现得非常好，仅仅使用了基本算术运算。如果回想一下第 2 章介绍的导数的概念及其定义方式，就可以知道，有限差分近似即使在过程的"意义"方面也是非常重要的。该方法可以用于形成有关如何在完整反向传播中进行权重学习的直觉知识。但是，最新的库中提供了一些自动差分工具，可以快速执行梯度下降，所用时间比计算有限差分近似要短得多。除了性能方面的问题以外，有限差分近似真的很适合在前馈神经网络中使用。

接下来，再转到反向传播。检查在前馈神经网络的隐藏层中发生了什么。首先，选择一些随机初始化的权重和偏差，将它们与输入相乘，再将结果加总到一起，通过逻辑回归将它们"压平"为 0～1 的值，然后再执行一次上述操作。完成后，将在输出层中从逻辑神经元得到一个 0～1 的值。将大于 0.5 的所有值都认为是 1，而将小于 0.5 的所有值都认为是 0。但问题在于，如果网络给出的结果是 0.67，输出原本应该为 0，我们只知道网络生成的误差(函数E)，并且应该使用它。更精确地说，想要度量当 w_i 发生变化时 E 如何变化，也就是说想要得出 E 对隐藏层活动的导数。我们想要同时找出所有导数，为此，使用向量和矩阵表示法，当然，还有梯度。在获得 E 对隐藏层活动的导数以后，可以轻松地计算权重本身的变化。

接下来介绍图 4.4 所示的过程。为了让展示尽可能地清楚，将仅使用两个索引，就好像每个层只有一个神经元。在接下来的一节中，会将其展开为一个完整的前馈神经网络。正如图 4.4 所示，将使用下标 o 表示输出层，使用下标 h 表示隐藏层。根据前面的介绍，我们知道 z 是分对数，即除应用非线性以外的所有内容。

现在，我们拥有

---

1 可以参考杰弗里·辛顿(G. Hinton)的 Coursera 课程，其中对这一方法进行了比较详细的介绍。

$$E = \frac{1}{2} \sum_{o \in \text{Output}} \left(t_o - y_o \right)^2$$

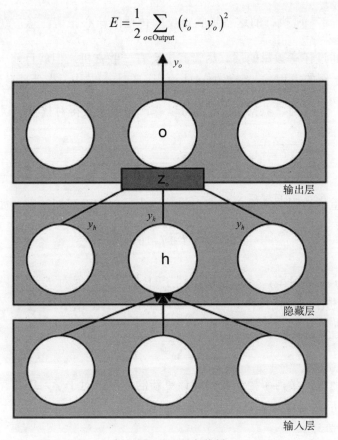

图 4.4　反向传播

我们需要做的第一件事就是将输出和目标值之间的差转变为误差导数。在本章前面的几节中已经完成了这一操作：

$$\frac{\partial E}{\partial y_o} = -\left(t_o - y_o \right)$$

现在，需要将对 y_o 的误差导数重新公式表示为对 z_o 的误差导数。为此，使用链式法则：

$$\frac{\partial E}{\partial z_o} = \frac{\partial y_o}{\partial z_o} \frac{\partial E}{\partial y_o} = y_o \left(1 - y_o \right) \frac{\partial E}{\partial y_o}$$

现在，可以计算对 y_h 的误差导数。

$$\frac{\partial E}{\partial y_h} = \sum_o \frac{\mathrm{d} z_o}{\mathrm{d} y_h} \frac{\partial E}{\partial z_o} = \sum_o w_{ho} \frac{\partial E}{\partial z_o}$$

从 $\dfrac{\partial E}{\partial y_o}$ 到 $\dfrac{\partial E}{\partial y_h}$ 所执行的这些步骤是反向传播的核心。请注意，现在可以重复此过程以便通过任意数量的层。尽管其中会有一些玄机，但就目前来说暂时没有问题。对于上面的方程式，需要做一些说明。在上一节中，当处理逻辑神经元时，知道 $\dfrac{\mathrm{d}z_o}{\mathrm{d}y_h} = w_{ho}$。之前，获得了 $\dfrac{\partial E}{\partial z_o}$，可以非常简单地获得对权重的误差导数。

$$\frac{\partial E}{\partial w_{ho}} = \frac{\partial z_o}{\partial w_{ho}}\frac{\partial E}{\partial z_o} = y_i \frac{\partial E}{\partial z_j}$$

更新权重的法则非常简单直接，将其称为一般权重更新法则，如下所示。

$$w_i^{\mathrm{new}} = w_i^{\mathrm{old}} + (-1)\eta \frac{\partial E}{\partial w_i^{\mathrm{old}}}$$

其中，η 是学习率，这里使用了因子 -1 是为了确保对 E 进行最小化操作，否则将对其进行最大化操作。也可以在向量表示法中指示这一点，[1]以便去除索引。

$$w^{\mathrm{new}} = w^{\mathrm{old}} - \eta \nabla E$$

非正式地说，学习率控制我们应该更新的程度。对于学习率，存在多种可能的情况(将在后面对学习率进行更加深入、详细的讨论)。

1. 固定学习率
2. 适应性全局学习率
3. 每个连接的适应性学习率

稍后，会更加深入地处理这些问题，但在此之前，先在一个简单的神经网络中展示误差反向传播的详细计算，在下一节中，将对网络进行编码。本章剩下的部分可能是全书最重要的部分，因此，请一定要认真阅读所有细节。

我们来看一个简单的浅层前馈神经网络的工作示例。[2]该网络如图 4.5 所示。使用图中指定的符号以及起始权重和输入，可以计算该网络的顺推和反向传播的所有复杂过程。注意放大的神经元 D。我们已经使用它展示了分对数 z_D 在什么地方，以及如何通过对其应用逻辑函数 σ 来使其成为 D 的输出(y_D)。

---

1 之后，必须使用梯度，而不是单个偏导数。

2 这是 Matt Mazur 提出的示例的修改版本，可以在以下网址找到：https://mattmazur.com/2015/03/17/a-step-by-step-backpropagation-example/。

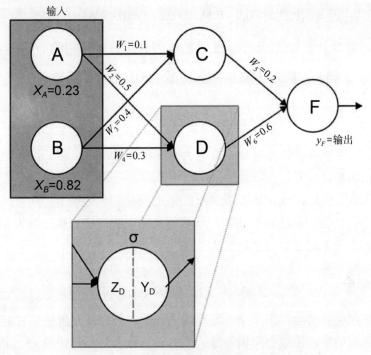

图 4.5　一个完整的简单神经网络中的反向传播

我们将假设所有神经元都有逻辑激活函数。因此，需要执行一次顺推、一次反向传播，然后再执行一次顺推，看看误差是否会减小。我们对网络本身做一个简单的说明。我们的网络具有三层，其中输入层和隐藏层包含两个神经元，而输出层包含一个神经元。使用大写字母表示层，不过，跳过了字母 E，从而避免与误差函数发生混淆，因此，我们的神经元分别称为 A、B、C、D 和 F。这并不是常见的命名方式。常见的过程是通过指明层以及层中的神经元来对它们进行命名，例如"第一层中的第三个神经元"或者"1, 3"。输入层接收两个输入，神经元 A 接收 $x_A = 0.23$，神经元 B 接收 $x_B = 0.82$。此训练情况(由 x_A 和 x_B 组成)的目标是 1。隐藏层和输出层具有逻辑激活函数(也称为逻辑非线性)，定义为以下形式：

$\sigma(z) = \dfrac{1}{1 + e^{-z}}$ 。

首先计算顺推。第一步是计算 C 和 D 的输出，分别称为 y_C 和 y_D。

$$y_C = \sigma(0.23 \cdot 0.1 + 0.82 \cdot 0.4) = \sigma(0.351) = 0.5868$$

$$y_D = \sigma(0.23 \cdot 0.5 + 0.82 \cdot 0.3) = \sigma(0.361) = 0.5892$$

接下来，使用 y_C 和 y_D 作为神经元 F 的输入，从而得出最终结果。

$$y_F = \sigma(0.5868 \cdot 0.2 + 0.5892 \cdot 0.6) = \sigma(0.4708) = 0.6155$$

现在，需要计算输出误差。根据之前的介绍，将使用均方误差函数，即 $E = \frac{1}{2}(t - y)^2$。因此，插入目标(1)和输出(0.6155)，然后得到：

$$E = \frac{1}{2}(t - y)^2 = \frac{1}{2}(1 - 0.6155)^2 = 0.0739$$

现在，已经准备好计算导数。将为大家解释如何计算 w_5 和 w_3，其他所有权重可以按照相同的过程进行计算。由于反向传播的方向与顺推相反，计算 w_5 更容易一些，因此首先执行此项计算。需要知道 w_5 的变化如何影响 E，并通过这些变化来使 E 最小化。正如前面所介绍的，导数链式法则会为我们执行绝大部分工作。下面改变需要计算的内容的书写形式：

$$\frac{\partial E}{\partial w_5} = \frac{\partial E}{\partial y_F} \cdot \frac{\partial y_F}{\partial z_F} \cdot \frac{\partial z_F}{\partial w_5}$$

已经在前面几节中得出了上面所有项的导数，因此就不再重复它们的求导过程。需要注意的是，需要使用偏导数，因为每一次求导都是相对于一个索引项完成。此外还要注意，包含所有偏导数(对于所有索引 i)的向量是梯度。下面来求解 $\frac{\partial E}{\partial y_F}$。之前已经介绍过：

$$\frac{\partial E}{\partial y_F} = -(t - y_F)$$

在我们的情况中，其具体数值运算如下所示。

$$\frac{\partial E}{\partial y_F} = -(1 - 0.6155) = -0.3844$$

接下来，求解 $\frac{\partial y_F}{\partial z_F}$。我们知道，它等于 $y_F(1 - y_F)$。在我们的情况中，其具体数值运算如下所示。

$$\frac{\partial y_F}{\partial z_F} = y_F(1 - y_F) = 0.6155(1 - 0.6155) = 0.2365$$

现在，唯一没有做的就是计算 $\frac{\partial z_F}{\partial w_5}$。大家应该还记得：

$$z_F = y_C \cdot w_5 + y_D \cdot w_6$$

通过使用微分法则[常量(w_6 被视为一个常量)的导数以及对微分变量求微分], 可以得到：

$$\frac{\partial z_F}{\partial w_5} = y_C \cdot 1 + y_D \cdot 0 = y_C = 0.5868$$

将这些值放回链式法则，可以得到：

$$\frac{\partial E}{\partial w_5} = \frac{\partial E}{\partial y_F} \cdot \frac{\partial y_F}{\partial z_F} \cdot \frac{\partial z_F}{\partial w_5} = -0.3844 \cdot 0.2365 \cdot 0.5868 = -0.0533$$

重复同一过程[1]可以得出 $\frac{\partial E}{\partial w_6} = -0.0535$。现在，需要做的就是在一般权重更新法则[2]中使用这些值(使用学习率 $\eta = 0.7$)。

$$w_5^{\text{new}} = w_5^{\text{old}} - \eta \frac{\partial E}{\partial w_5} = 0.2 - (0.7 \cdot 0.0533) = 0.2373$$

$$w_6^{\text{new}} = 0.6374$$

现在，可以继续介绍下一层。不过，首先需要做一个重要的说明。需要 w_5 和 w_6 的值以找出 w_1, w_2, w_3 和 w_4 的导数，并且将使用旧值，而不是更新后的值。当获得所有更新的权重后，将更新整个网络。接下来，继续介绍隐藏层。现在，需要做的是找出 w_3 的更新值。需要注意的是，要想从输出神经元 F 到达 w_3，需要穿过 C。因此，将使用：

$$\frac{\partial E}{\partial w_3} = \frac{\partial E}{\partial y_C} \cdot \frac{\partial y_C}{\partial z_C} \cdot \frac{\partial z_C}{\partial w_3}$$

这个过程与 $\frac{\partial E}{\partial w_3}$ 类似，但有一些修改。首先：

$$\frac{\partial E}{\partial y_C} = \frac{\partial z_F}{\partial y_C} \frac{\partial E}{\partial z_F} = w_5 \frac{\partial E}{\partial z_F} = w_5 \frac{\partial y_F}{\partial z_F} \cdot \frac{\partial E}{\partial y_F}$$
$$= 0.2 \cdot 0.2365 \cdot (-0.3844)$$
$$= 0.2 \cdot (-0.0909) = -0.0181$$

---

1 唯一的差别是 $\frac{\partial z_F}{\partial w_5}$ 的步骤，现在 w_5 对应的是0，w_6 对应的是1。

2 我们在之前曾经讨论过，不过，在这里重新表述一下：$w_k^{\text{new}} = w_k^{\text{old}} - \eta \frac{\partial E}{\partial w_k}$。

现在，需要 $\dfrac{\partial y_C}{\partial z_C}$:

$$\frac{\partial y_C}{\partial z_C} = y_C\left(1 - y_C\right) = 0.5868 \cdot (1 - 0.5868) = 0.2424$$

此外，还需要 $\dfrac{\partial z_C}{\partial w_3}$ 。回想前面的介绍，可以知道 $z_C = x_1 \cdot w_1 + x_2 \cdot w_2$ ，因此：

$$\frac{\partial z_C}{\partial w_3} = x_1 \cdot 0 + x_2 \cdot 1 = x_2 = 0.82$$

现在，可以得到：

$$\frac{\partial E}{\partial w_3} = \frac{\partial E}{\partial y_C} \cdot \frac{\partial y_C}{\partial z_C} \cdot \frac{\partial z_C}{\partial w_3} = -0.0181 \cdot 0.2424 \cdot 0.82 = -0.0035$$

使用一般权重更新法则，可以得到：

$$w_3^{\text{new}} = 0.4 - (0.7 \cdot (-0.0035)) = 0.4024$$

使用相同的步骤(穿过 C)来得出 $w_1^{\text{new}} = 0.1007$ 。为了获得 w_2^{new} 和 w_4^{new} ，需要穿过 D。因此，需要：

$$\frac{\partial E}{\partial w_3} = \frac{\partial E}{\partial y_D} \cdot \frac{\partial y_D}{\partial z_D} \cdot \frac{\partial z_D}{\partial w_3}$$

但是，知道对应的过程，因此：

$$\frac{\partial E}{\partial y_D} = w_6 \cdot \frac{\partial E}{\partial z_F} = 0.6 \cdot (-0.0909) = -0.0545$$

$$\frac{\partial y_C}{\partial z_C} = y_D\left(1 - y_D\right) = 0.5892(1 - 0.5892) = 0.2420$$

并且：

$$\frac{\partial z_D}{\partial w_2} = 0.23$$

$$\frac{\partial z_D}{\partial w_4} = 0.82$$

最后，可以得出(请记住，使用的学习率是 0.7)：

$$w_2^{\text{new}} = 0.5 - 0.7 \cdot (-0.0545 \cdot 0.2420 \cdot 0.23) = 0.502$$

$$w_4^{\text{new}} = 0.3 - 0.7 \cdot (-0.0545 \cdot 0.2420 \cdot 0.82) = 0.307$$

现在，已经完成。简单总结一下，在上面的计算过程中得出以下结果。

- $w_1^{\text{new}} = 0.1007$
- $w_2^{\text{new}} = 0.502$
- $w_3^{\text{new}} = 0.4024$
- $w_4^{\text{new}} = 0.307$
- $w_5^{\text{new}} = 0.2373$
- $w_6^{\text{new}} = 0.6374$
- $E^{\text{old}} = 0.0739$

现在，可以使用新的权重来执行另一次顺推，以确保误差已经减小。

$$y_C^{\text{new}} = \sigma(0.23 \cdot 0.1007 + 0.82 \cdot 0.4024) = \sigma(0.3531) = 0.5873$$
$$y_D^{\text{new}} = 0.5907$$

$$y_F^{\text{new}} = \sigma(0.5873 \cdot 0.2373 + 0.5907 \cdot 0.6374) = \sigma(0.5158) = 0.6261$$

$$E^{\text{new}} = \frac{1}{2}(1 - 0.6261)^2 = 0.0699$$

上面的结果显示，误差已经减小。需要注意的是，仅仅处理了一个训练样本，也就是输入向量(0.23, 0.82)。可以使用多个训练样本来生成误差并找出梯度(小批训练[1])，并且可以多次执行此操作，每次重复称为一个迭代。迭代有时会被错误地称为 epoch。这两个术语非常类似，就目前来说，可以将它们看成同义词，但很快就需要了解二者的差异，这一点将在第 5 章中介绍。

这种方法的一种替代方法是在每个训练样本之后更新权重。[2]这被称为在线学习。在在线学习中，每次迭代处理一个输入向量(训练样本)。在下一章中，将对此进行更为深入的讨论。

在本章剩余的内容中，会将到目前为止介绍过的所有观点和概念整合到一个完全可用的前馈神经网络中，并使用 Python 代码编写。这个示例是完全可用的 Python 3.x 代码，不过，会注明一些操作可能使用 Python 模块来完成会更好一些。

从技术上说，在除了最基本的设置以外的所有设置中，都不应该使用 SSE，而应该使用它的变体形式，即均方误差(MSE)。这是因为，需要能够将代价函数重写为各个训练样本 x 的代价函数 SSE_x 的平均值，因此，定义 $\text{MSE} := \frac{1}{n}\sum_x \text{SSE}_x$。

---

1 如果我们使用整个训练集，则称为全批(full-batch)训练。

2 这就相当于使用大小为 1 的小批(mini-batch)。

4.7　一个完整的前馈神经网络

下面介绍一个完整的前馈神经网络，该网络执行一个简单的分类任务。具体
情况如下：我们有一家销售图书和其他商品的网上商店，我们想要知道客户是否
会在结账时放弃购物篮中的物品。这就是我们要构建神经网络来进行预测的原因。
为了简单起见，所有数据都是数字。打开一个新的文本文件，将其重命名为
data.csv，并写入以下内容。

```
includes_a_book,purchase_after_21,total,user_action
1,1,13.43,1
1,0,23.45,1
0,0,45.56,0
1,1,56.43,0
1,0,44.44,0
1,1,667.65,1
1,0,56.66,0
0,1,43.44,1
0,0,4.98,1
1,0,43.33,0
```

这将作为我们的数据集。实际上，大家可以将这里的数字替换成其他任何内
容，只要保证值是数字，就可以正常使用。目标是 user_action 列，使用 1 表
示购买成功，0 表示用户放弃了购物篮中的物品。需要注意的是，我们说的是放
弃某个购物篮中的物品，不过，也可以采用其他形式，从狗的图片到词袋，都是
可以的。你还应该创建另一个名为 new_data.csv 的 CSV 文件，该文件与
data.csv 具有相同的结构，但是少了最后一列(user_action)。例如：

```
includes_a_book,purchase_after_21,total
1,0,73.75
0,0,64.97
1,0,3.78
```

接下来，继续创建 Python 代码文件。本节剩余部分中的所有代码都应该
放在一个文件中，可以将这个文件命名为 ffnn.py，与 data.csv 和
new_data.csv 放在同一文件夹中。代码的第一部分包含导入语句，如下所示。

```
import pandas as pd
import numpy as np
from keras.models import Sequential
from keras.layers.core import Dense
TARGET_VARIABLE ="user_action"
TRAIN_TEST_SPLIT=0.5
HIDDEN_LAYER_SIZE=30
raw_data = pd.read_csv("data.csv")
```

上述代码的前四行是导入语句,接下来的三行是超参数。TARGET_VARIABLE
告诉 Python 希望预测的目标变量是什么。最后一行将打开文件 data.csv。现在,
必须进行训练-测试拆分。有一个超参数专门执行此操作,目前训练集中的数据点
比例设置为 0.5,不过,你也可以根据自己的需要将此超参数的值更改为其他值。
但是,更改的时候一定要小心谨慎,因为我们的数据集很小,如果将拆分的比例
设置为 0.95 这样的值,有可能会出现某些问题。用于执行训练-测试拆分的代码如
下所示:

```
mask = np.random.rand(len(raw_data)) < TRAIN_TEST_SPLIT
tr_dataset = raw_data[mask]
te_dataset = raw_data[~mask]
```

上述代码的第一行定义一个随机的数据抽样,用于获取训练-测试拆分,接下
来的两行用于从原始 Pandas 数据框(数据框是一种类似于表的对象,与 Numpy 数
组非常相似,但是,Pandas 主要用于轻松地改变形状和拆分,而 Numpy 主要用
于快速计算)选择适当的子数据框。接下来的代码行将训练和测试数据框拆分成标
签和数据,然后将它们转换为 Numpy 数组,因为 Keras 需要使用 Numpy 数组才
能正常工作。该过程相对比较容易,如下所示。

```
tr_data = np.array(raw_data.drop(TARGET_VARIABLE,
axis=1))
tr_labels = np.array(raw_data[[TARGET_VARIABLE]])
te_data = np.array(te_dataset.drop(TARGET_VARIABLE,
axis=1))
te_labels = np.array(te_dataset[[TARGET_VARIABLE]])
```

接下来,继续介绍神经网络模型的 Keras 规范及其编译和训练(拟合)。需要对
模型进行编译,因为希望 Keras 来填充难以处理的详细信息,并创建权重和偏差矩
阵的适当维度的数组。

```
ffnn = Sequential()
ffnn.add(Dense(HIDDEN_LAYER_SIZE, input_shape=(3,),
activation="sigmoid"))
ffnn.add(Dense(1, activation="sigmoid"))
ffnn.compile(loss="mean_squared_error", optimizer=
"sgd", metrics=['accuracy'])
ffnn.fit(tr_data, tr_labels, epochs=150, batch_size=2,
verbose=1)
```

上述代码的第一行用于在一个称为 ffnn 的变量中初始化一个新的顺序模型。第二行用于指定输入层(接受三维向量作为单个数据输入)以及隐藏层大小(在文件的开头通过变量 HIDDEN_LAYER_SIZE 指定)。第三行将从上一层获取隐藏层大小(Keras 会自动执行此操作),并创建包含一个神经元的输出层。所有神经元都将使用 S 型激活函数或逻辑激活函数。第四行用于指定误差函数(MSE)、优化器(随机梯度下降)以及要计算的指标。它还会编译模型,这意味着它会从我们指定的位置聚合、收集 Python 需要的所有其他内容。最后一行用于针对 tr_data 对神经网络进行训练,使用 tr_labels,执行 150 次 epoch,在一个小批中包含两个样本。verbose=1 表示在每次训练 epoch 之后,它将输出准确度和损失。现在,可以继续在测试集基础上对结果进行分析。

```
metrics = ffnn.evaluate(te_data, te_labels, verbose=1)
print("%s: %.2f%%" % (ffnn.metrics_names[1],
metrics[1]*100))
```

上述代码的第一行用于使用 te_labels 针对 te_data 来评估模型,第二行以格式化字符串的形式输出精确度。接下来,接收 new_data.csv 文件,用于模拟网站上的新数据,然后尝试使用 ffnn 训练模型来预测会发生什么情况。

```
new_data = np.array(pd.read_csv("new_data.csv"))
results = ffnn.predict(new_data)
print(results)
```

第 5 章

前馈神经网络的修改和扩展

5.1 正则化的概念

首先回顾方差和偏差的概念。如果在一个二维空间中有两个类(分别使用×和○表示),而分类器绘制了一条笔直的线,那么分类器具有较高的偏差。这条线可以很好地进行一般化,也就意味着新点的分类误差(测试误差)将与旧点的分类误差(训练误差)非常相似。这一点非常棒,但问题在于,在一开始误差会非常大。这被称为欠拟合。另一方面,如果有一个分类器,它可以绘制一条错综复杂、非常曲折的线条,使其包含每个×,同时不包含任何○,那么对应的方差会非常高(偏差比较低),这被称为过拟合。在这种情况下,训练误差将相对较低,而测试误差则会非常高。

下面举一个比较抽象的例子。假设任务是在一群动物中找出虎鲸。在这种情况下,分类器应该能够通过使用所有虎鲸都具有但其他动物并不具备的通用属性来找出虎鲸。需要注意的是,当我们说"所有"的时候,是希望确保识别整个物种,而不是物种中的一个子类:例如,有一部分虎鲸可能在尾部带有蓝色的标记,但是,想要捕捉的属性是所有虎鲸都具有但其他动物都不具备的。一般来说,一个"物种"被称为一个类型(例如虎鲸),而一个个体被称为一个令牌[例如虎鲸莎木(Shamu)]。希望找出一个属性,可以用于定义想要尝试分类的类型。将这种属性称为必然属性。在虎鲸的例子中,可能就是如下属性(或查询)。

```
orca(x) := mammal(x) ∧ livesInOcean(x) ∧ blackA006EdWhite(x)
```

但是，有时找出这样的属性并不是一件容易的事。尝试找出这样的属性是监督机器学习算法所要完成的任务。因此，或许可以将问题重新表述为：尝试找出一个复杂的属性，用于尽可能好地定义一个类型(尝试包含最大可能数量的令牌，并且仅在定义中包含具有相关性的令牌)。因此，可以通过另一种方式理解过拟合：分类器非常好，不仅从训练样本中捕获必然属性，而且还捕获非必然或偶然属性。这样，就可以捕获所需的所有属性，但是，当开始包含非必然属性时，希望有一种东西可以帮助我们停止。

欠拟合和过拟合是两个极端。从经验上来说，实际上可以从高偏差加低方差转为高方差加低偏差。我们希望在二者之间的某一点停止，同时，希望这一点具有比平均值更好的一般化功能(继承自更高的偏差)，还可以与数据很好地拟合(继承自高方差)。如何找到这个"最佳点"是机器学习的工作，但是，机器学习领域中公认的常识是最好手动找出这一点。然而，要想实现自动化并不是不可能的，想要成为人工智能竞争者的深度学习会尽可能地实现自动化。有一种方法可以尽可能地将关于过拟合的知识实现自动化，这种方法被称为正则化。

为什么我们谈论过拟合而不是欠拟合呢？一定要记住，如果偏差非常高，最后会得到一个线性分类器，而线性分类器不能解决异或者类似的简单问题。那么要做的就是大幅降低偏差，直到到达某一点，在该点之后将发生过拟合。在深度学习的上下文中，向逻辑回归添加一层以后，我们就告别了高偏差，转而走向高方差的一边。这听起来很不错，但是，如何才能及时停止呢？如何才能阻止出现过拟合呢？正则化的方法就是向误差函数 E 添加一个正则化参数，这样，就可以得到

$$E^{\text{improved}} := E^{\text{original}} + \text{RegularizationTerm}$$

在继续介绍正式定义之前，先来看看如何开发一种关于正则化所执行操作的直观视觉表示形式(参见图 5.1)。

左侧图像描述的是通常具有的各种经典的超平面选项(偏差、方差等)。如果增加了正则化项，产生的效果就是，误差函数将无法精确指出或定位数据点，实际上就相当于点变成小圆圈。通过这种方式，某些超平面选项就会变得无法实现，而保留下来的就是在×和○之间具有良好"中性区"的那一个。这并不是正则化的精确解释(后面很快就会给出相应的精确解释)，但是，这种直观的形式对于正则化所执行的操作及其行为方式的非形式推理非常有帮助。

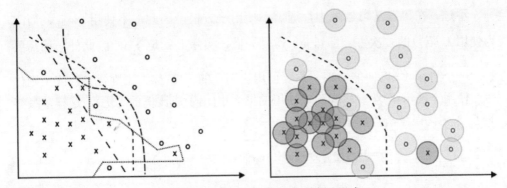

图 5.1　关于正则化的直观表示形式

5.2　L_1 和 L_2 正则化

正如前面介绍的，正则化意味着向误差函数添加一项，从而得到：

$$E^{improved} := E^{original} + \text{Regularization Term}$$

有人可能已经猜到，添加不同的正则化项会产生不同的正则化方法。在本书中，将为大家介绍两种最常见的正则化类型，即 L_1 正则化和 L_2 正则化。首先介绍 L_2 正则化，并对其进行深入探索，因为它在实际应用中更为有用，而且更容易掌握与向量空间和上一节中提到的直观表示形式的联系。在此之后，将简要地介绍 L_1 正则化，而在本章后面的部分中，将介绍丢弃(也称为随机失活)方法，这是一种非常有用的方法，只适合在神经网络中使用，可以产生类似于正则化的效果。

L_2 正则化还有很多其他的名称，比如"权重衰减""岭回归"以及"吉洪诺夫正则化"。L_2 正则化首次以公式的形式表示出来是由前苏联数学家 Andrey Tikhonov 于 1943 年给出的(见参考文献[1])，在他的论文(见参考文献[2])中又做了进一步的优化。L_2 正则化的原理就是使用 L_2 或欧几里得范数表示正则化项。

向量 $x = (x_1, x_2, \cdots, x_n)$ 的 L_2 范数其实就是 $\sqrt{x_1^2 + x_2^2 + \cdots + x_n^2}$。向量 x 的 L_2 范数可以表示为 $L_2(x)$，或者，更常见的表示形式为$\|x\|_2$。使用的向量是最后一层的权重，不过，也可以采用使用网络中的所有权重这一版本(但是，在这种情况下，之前建立的直观表示形式就不成立了)。因此，现在可以将初步 L_2 正则化的误差函数重写为以下形式：

$$E^{improved} := E^{original} + \| w \|_2$$

不过，在机器学习领域中，通常不使用平方根，因此，不使用 $\| w \|_2$，而改为使用 L_2 范数的二次方，即 $(\| w \|_2)^2 = \| w \|_2^2$，实际上就是 $\sum_w w^2$。此外，还需要添加一个超参数，以便能够调整想要使用正则化的程度(称为正则化参数或正则化率，使用 λ 表示)，然后将其除以使用的批大小(出于成比例的考虑)，这样，最终的 L_2 正则化误差函数如下所示。

$$E^{\text{improved}} := E^{\text{original}} + \frac{\lambda}{n} \| w \|_2^2 = E^{\text{original}} + \frac{\lambda}{n} \sum_{w_i \text{ in } w_o} w_i^2$$

下面解释 L_2 正则化执行的操作。直观地说就是，在学习过程中，应该尽量优先选择较小的权重，不过，如果误差总体下降得非常明显，就可以考虑较大的权重。这就很好地解释了为什么它被称为"权重衰减"。λ 的选择确定优先选择较小权重的程度(当 λ 较大时，优先选择较小权重的程度越大)。我们来完成一次简单的求导。首先从正则化的误差函数开始：

$$E^{\text{new}} = E^{\text{old}} + \frac{\lambda}{n} \sum_w w^2$$

通过求这个方程式的偏导数，可以得到：

$$\frac{\partial E^{\text{new}}}{\partial w} = \frac{\partial E^{\text{old}}}{\partial w} + \frac{\lambda}{n} w$$

将上述结果代入一般权重更新法则，可以得到：

$$w^{\text{new}} = w^{\text{old}} - \eta \cdot \left(\frac{\partial E^{\text{old}}}{\partial w} + \frac{\lambda}{n} w \right)$$

有人可能想要知道，这实际上会不会使权重收敛到 0，不过事实并非如此，因为若误差(这部分控制未正则化误差)减小过大，第一个分量 $\frac{\partial E^{\text{old}}}{\partial w}$ 会使权重增加。

现在可以继续简要描绘 L_1 正则化。L_1 正则化也称为 lasso 或"基追踪降噪"，最早是由 Robert Tibshirani 于 1996 年提出(见参考文献[4])。L_1 正则化使用绝对值，而不是二次方，如下所示：

$$E^{\text{improved}} := E^{\text{original}} + \frac{\lambda}{n} \| w \|_1 = E^{\text{original}} + \frac{\lambda}{n} \sum_{w_i \text{ in } w_o} |w_i|$$

让我们比较这两种正则化，以探索它们各自的特点。对于绝大多数分类和预测问题，L_2 正则化要更好一些。但是，对于某些特定的任务，L_1 正则化表现得非常出色[5]。L_1 正则化擅长处理的问题主要是包含大量不相关数据的问题。此类数据可能是噪点非常多的数据，或者是无法提供足够的信息的特征，不过，也可能是稀疏数据(其中，绝大多数特征都是不相关的，因为它们是缺失值)。这意味着 L_1 正则化在信号处理(见参考文献[6]和[7])领域有很多非常实用的应用。

　　我们尝试开发这两种正则化背后的直观认识。L_2 正则化尝试使用权重的二次方(它不会随着权重的增加而线性增加)，而 L1 正则化主要使用绝对值，它是线性的，因此，L_2 正则化会快速惩罚较大的权重(它会逐渐集中于它们)。L_1 正则化会使更多的权重稍微小一些，这通常会导致许多权重趋近于 0。为了彻底简化这一问题，看看图表 $f(x) = x^2$ 和 $g(x) = |x|$ 的情况。假设这些图表是像碗一样的物理曲面。现在假设在图表中放一些点(对应于权重)并添加"重力"，使其行为方式像是物理对象(小的大理石)。"重力"对应于梯度下降，因为它是向极小值移动(就像重力在物理系统中向极小值推进一样)。假设还有摩擦力，其对应于以下观念：E 不再关注已经非常接近极小值的权重。在 $f(x)$ 的情况中，在点(0, 0)周围会有很多点，但有一些分散，而在 $g(x)$中，这些点非常紧凑地围绕在(0, 0)点周围。还应该注意，两个向量可以具有相同的 L_1 范数，但有不同的 L_2 范数。以 $v_1 = (0.5, 0.5)$ 和 $v_2 = (-1, 0)$ 为例进行说明。在这个例子中，$\|v_1\|_1 = |0.5| + |0.5| = 1$，同样，$\|v_2\|_1 = |-1| + |0| = 1$，但是，$\|v_1\|_2 = \sqrt{0.5^2 + 0.5^2} = \dfrac{1}{\sqrt{2}}$，而 $\|v_2\|_2 = \sqrt{1^2 + 0^2} = 1$。

5.3　学习率、动量和丢弃

　　在这一节中，将再次介绍学习率的概念。学习率是超参数的一个示例。名称听起来很不寻常，但实际上其背后的原因非常简单。实际上，每个神经网络都是一个函数，都有一个给定的输入向量(输入)和类标签(输出)。神经网络执行此操作的方式就是通过其执行的运算以及为其提供的参数。运算包括逻辑函数、矩阵乘法等，而参数都是除输入以外的数字，也就是权重和偏差。我们知道，偏差实际上也可以看作权重之一，而神经网络会通过反向传播其记录的误差找出一组好的权重。由于运算总是相同的，这意味着神经网络完成的所有学习实际上就是搜索一组好的权重，换句话说，也就是调整其参数。其实就是这么简单，没有什么特别的，更没有什么魔法的存在，无非就是调整权重。现在，大家已经对这一过程有了明确的认识，可以轻松地说出超参数是什么。超参数是神经网络中使用的、不能被网络所学习的任何数字。超参数的例子包括学习率以及隐藏层中的神经元数量。

通过上面的介绍，可以知道，学习不能调整超参数，它们需要手动进行调整。在这里，机器学习所学习的主要是技术或诀窍，因为并不存在科学的方式来执行此操作，更多地要靠直觉和经验。但是，尽管找出一组好的超参数并不是件容易的事，不过，还是有一个标准的过程来执行此操作。为此，必须重新了解在训练集和测试集中拆分数据集的概念。假设保留了 10%的数据点用于测试，而剩下的要用作训练集。现在，将从训练集中提取另外 10%的数据点并将其称为验证集。这样，就有 80%的数据点保留在训练集中以用于训练，10%的数据点用于验证集，还有另外 10%的数据点用作测试集。我们的想法是，使用一组给定的超参数针对训练集进行训练，然后针对验证集对其进行测试。如果对结果不满意，可以重新训练网络并再次测试验证集。重复执行此过程，直到得到一个满意的分类结果。在这之后，才针对测试集进行测试，看看具体的执行情况。

请大家一定要记住，较低的训练误差和较高的测试误差是过拟合的标志。如果只是训练和测试(不进行超参数调整)，那么这是一个很好的法则，应该予以遵循。但是，如果要调整超参数，那么可能对训练集和验证集都会出现过拟合，因为会更改超参数，直到针对验证集获得一个较小的误差。如果由于分类器学习了训练集中的噪点而导致误差变得很小(对我们产生误导，实际上并没有变得很小)，那么需要手动更改超参数以便适合验证集中的噪点。在此之后，如果针对测试集出现成比例的较小误差，则操作成功，否则需要重新开始。当然，可以更改训练集、验证集和测试集的大小，但使用的是标准的初始值(分别为 80%、10%和 10%)。

接下来，我们再回过头来介绍学习率。包含学习率的做法最初是在参考文献[8]中明确提出来的。正如已经在第 4 章中看到的，学习率控制所需的更新程度，由于学习率是一般权重更新法则的一部分，也就是说，它在反向传播的最后才开始起作用。在开始介绍学习率的类型之前，我们先来了解一下为什么学习率在抽象设置中非常重要。[1]将通过一般化上一节中提出的抛物线的概念来构造一个学习的抽象模型。需要将其扩展到三个维度，这样才能通过多种方式进行移动。将要使用的三维曲面的整体形状类似于一个碗(参见图 5.2)。

---

1 这里的抽象概念取自杰弗里·辛顿(Geoffrey Hinton)的课程。

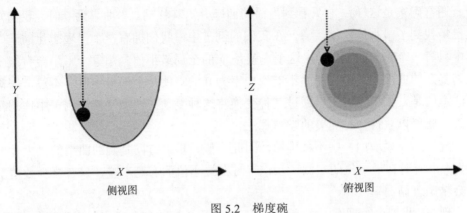

图 5.2　梯度碗

　　侧视图通过 x 轴和 y 轴给出(没有看到 z 轴)。如果从顶部看(x 轴和 z 轴可见，y 轴不可见)，其形状像是一个圆或椭圆。当在(x_k, z_k)位置"放入"一个点，可以从坐标(x_k, z_k)的曲线获得 y_k 值。换句话说，就好像是我们放入点，它落向碗，接触到碗的表面便立即停止(假设使用的点是黏性物体，比如口香糖)。我们将其放入一个精确的点(x_k, z_k)(这是"俯视图")，却并不知道黏性物体的最终"高度"，不过，当其落到碗的侧面时，会对其进行度量。

　　梯度就像是重力，它会尝试使 y 达到最小化。如果想要继续类推，必须对实际情况进行一些更改：(i)并不总是拥有黏性物体(当只有(x, z)时，需要使用它们来解释如何获得某个点的 y 坐标)，还有可能是小的大理石，当然，当它们停止移动时，也可以看成黏性物体(或者，你也可以认为它们发生"冻结")；(b)不存在摩擦力或惯性，或许这与正常情况有很大的出入；(c)重力类似于物理重力，但又有所不同。

　　下面详细地解释一下(c)。假设从顶部看，在这种情况下，只看到 x 轴和 z 轴，然后放入一块大理石。希望重力的行为方式与物理重力类似，也就是它会自动生成大理石移动时需要遵循的方向(从顶部看，也就是 x 和 z 视图)，这样，它就沿着碗的弧度曲线移动，很有可能是朝向碗底部的方向(y 的全局最小值)。

　　不过，我们希望它与物理重力有所不同，以便该方向上的移动量不是由 y 的最小值的精确位置确定的，也就是说，它并不是固定在底部，而是可以继续移动到碗的另一侧(然后保持在那里，就好像又变成了黏性物体)。目前，并未指定移动量，但假定它基本上不会是达到实际最小值所需的精确数量：有时候会多一点，也就是移动过头，而有时候会少一点，也就是还未达到实际最小值。有非常重要的一点需要在这里指出：曲率"指向"最小值，但是，遵循的是目前所处的点的曲率，而不是最小值位置的曲率。从某种意义上说，大理石是非常"短视的"(大理石通常确实是这样)：它只看到当前的曲率并沿其移动。当曲率为 0 时，我们知道已经找到了最小值。请注意，在我们的例子中，我们拥有一个"理想化的碗"，其中只有一个点的曲率为 0，这个点就是 y 的全局最小值。想象一下，会有很多更为复杂的曲面，其中可能并不能说曲率为 0 的点就是全局最小值，不过，还需要注意的是，如果我们可以通过某种变换将这种复杂的曲面变换为例子中理想化的碗，就可以获得一种完美的学习算法。

此外，还要增加一些不精确性，因此，假设重力方向是碗的曲率的"大体方向"——有时在最小值的左侧一些，有时在最小值的右侧一些，只有极少数情况下会精确遵循曲率。

现在，我们已经拥有了完美的设置，可以用于在抽象意义上对学习进行解释。每次学习 epoch 就是在碗的曲率的"大体方向"上的一次移动(移动一定的量)，移动完成后，它会停止在原地。第二次 epoch 会将当前的情况"解冻"，再次遵循曲率的大体方向进行移动。第二次移动可能是第一次移动的延续，也可能是几乎相反方向上的一次移动(如果大理石超过最小值，也就是碗的底部)。这个过程可以无限制地继续执行，但在一定数量的 epoch 之后，移动实际上会变得幅度很小，不是很明显，因此，可以选择在预定数量的 epoch 之后停止，或者在改进不明显的时候停止。[1]

现在，再回到学习率。学习率控制要执行的移动量。学习率为 1 表示要完成整个移动，而学习率为 0.1 则表示只完成移动的 10%。正如前面提到的，可以有一个全局学习率或参数化学习率，使其根据指定的特定条件进行变化，例如到目前为止的 epoch 次数，或者其他一些参数。

下面再简单介绍使用的碗。在此之前，使用的是一个圆碗，而现在，假设有一个拉长的椭圆形状的浅碗(参见图 5.3)。如果在中间狭窄的位置附近放下大理石，其移动情况几乎与之前相同。但是，如果在左上部放下大理石，它将沿着非常浅的曲率移动，并且在经过非常多次的 epoch 之后才找到朝向碗底部的方向。在这里，学习率会起到一定的帮助。如果只完成一部分移动，那么下一次移动的曲率方向会比从拉长的浅碗的一边移动到另一边要好得多。这样，步长会减小，但找到好的方向的速度会大大提高。

---

1 实际上，这也是一种用于防止出现过拟合的方法，称为早停法。

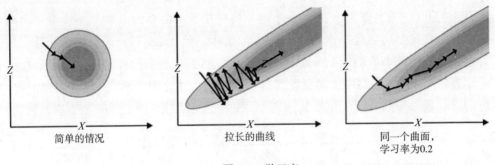

图 5.3　学习率

　　上面的介绍引导我们讨论学习率 η 的典型值。最常用的值包括 0.1、0.01、0.001 等。像 0.03 这样的值会被舍弃，实际的行为方式与最接近的对数(对于 0.03，最接近的对数是 0.01)非常类似。[1]学习率是一个超参数，就像其他所有超参数一样，它也需要针对验证集进行调整。因此，我们的建议是，对于给定的超参数，尝试使用某些标准值，然后看看其具体表现并根据需要进行相应的修改。

　　接下来，开始介绍另一个与学习率类似但又有所不同的概念，那就是动量，也称为惯量。非正式地说，学习率控制在现有步中保留的移动量，而动量控制在当前步中保留多少来自上一步的移动量。动量要解决的问题是局部极小值的问题。再回到之前提到的碗的情况，但是，现在对碗进行修改，使其具有局部极小值。大家可以在图 5.4 中看到对应的侧视图。需要注意的是，学习率主要考虑的是"俯视图"，而动量在解决问题时主要采用"侧视图"。

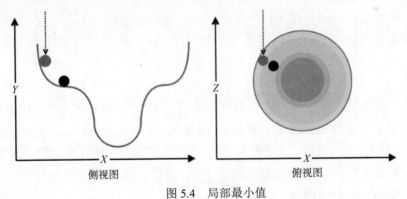

图 5.4　局部最小值

　　大理石像之前一样落下(在图中以灰色表示)，并沿着曲率继续移动，当曲率

---

　　1 你可以使用学习率来强制实施梯度爆炸，在这种情况下，如果你想要自行查看梯度爆炸，可以尝试使用5或10这样的 η 值。

为 0 时停止(在图中以黑色表示)。不过，问题在于，曲率为 0 的点不一定是全局最小值，它只是局部最小值。如果是一个物理系统，大理石应该会具有动量，并且会超过局部最小值而达到一个全局最小值，然后它会来回移动几次，最后在一个位置停止。神经网络中的动量就是这一过程的形式化表示形式。像学习率一样，我们将动量添加到一般权重更新法则中，如下所示。

$$w_i^{\text{new}} = w_i^{\text{old}} - \eta \frac{\partial E}{\partial w_i^{\text{old}}} + \mu \left(\left| w_i^{\text{old}} - w_i^{\text{older}} \right| \right)$$

其中，w_i^{new} 是要计算的当前权重，w_i^{old} 是权重的上一个值，而 w_i^{older} 是再之前的权重值。μ 是动量率，范围是 0～1。它直接控制我们将在此次迭代中保留上一次权重更改的多少。μ 的典型值是 0.9，通常情况下应该调整为 0.10～0.99 的值。动量概念的出现可以追溯到最后一次独立发现反向传播算法，其首次发布是在 Rumelhart、Hinton 和 Williams 的同一篇论文(见参考文献[9])中。

除了上面介绍的学习率和动量之外，还有一种非常有趣并且有效的技术可以用于改善神经网络的学习方式并减少过拟合，那就是丢弃。我们已经选择将正则化定义为向代价函数中添加一个正则化项，根据此定义，丢弃并不属于正则化，不过，它确实可以降低训练误差和测试误差之间的差距，从而减少过拟合。可以将正则化定义为减少此传播的任何技术，在这种情况下，丢弃就可以算作一项正则化技术。可以将丢弃称为"结构正则化"，而将 L_1 正则化和 L_2 正则化称为"数值正则化"，不过，这并不是标准的术语，我们也不会使用。

丢弃的概念在参考文献[10]中首次给出明确的解释，不过，如果想要了解更多相关详细信息，可以阅读参考文献[11]，特别是参考文献[12]，其中提供了比较深入的阐述。实际上，丢弃是一种非常简单的技术。添加一个丢弃参数 π (值为 0～1，可以解释为概率)，在每次 epoch 中，每个权重设置为 0，概率为 π(参见图 5.5)。再回到一般权重更新法则(其中，需要使用 w_k^{old} 来计算权重更新)，如果在第 n 次 epoch 中，权重 w_k 设置为 0，那么第 $n+1$ 次 epoch 的 w_k^{old} 将为第 $n-1$ 次 epoch 的 w_k。丢弃会强制网络学习冗余，这样它就可以更好地隔离数据集的必然属性。π 的典型值是 0.2，但是，像所有其他超参数一样，它需要针对验证集进行调整。

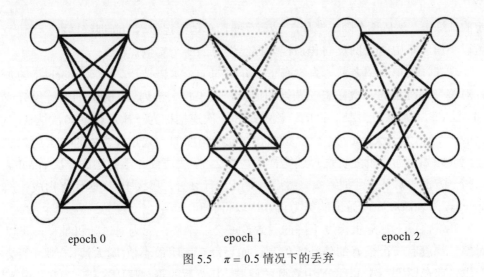

epoch 0   epoch 1   epoch 2

图 5.5 $\pi = 0.5$ 情况下的丢弃

5.4 随机梯度下降和在线学习

到目前为止,在本书中,并没有明确解决一个非常重要的问题:[1]从"鸟瞰图"的角度来看,反向传播是如何工作的。之前之所以回避这个问题,是为了避免因没有针对其解决方法获得足够的概念性理解而产生混淆,而现在,我们已经掌握了足够的知识,可以明确地理解和表述这一问题。神经网络中的反向传播按照以下方式进行工作:一次提取一个训练样本,使其通过网络,然后记录每一个的平方误差。接下来,使用记录的结果来计算均方误差。在得到均方误差以后,使用梯度下降算法对其进行反向传播,从而找出一组更好的权重。操作完成后,就完成了训练的一次 epoch。可以根据需要执行任意多次 epoch。通常情况下,可以继续执行固定次数的 epoch,或者在无法再使误差进一步降低的情况下停止。

在解释反向传播时,使用的是一个大小为 1 的训练集(只有一个样本)。如果这是整个训练集(一个非常小的训练集),那么这应该是(完整)梯度下降(也称为全批学习)的一个示例。不过,可以将其视为训练集的一个子集。当使用从训练集中随机选择的大小为 n 的子集时,使用的是随机梯度下降或小批学习(批大小为 n)。采用大小为 1 的小批的学习称为在线学习。在线学习可以是"固定的",即使用固

---

1 实际上,我们没有明确解决的问题不止一个,在这一节中,我们将对这些问题略作调整并重新定义,以使其变得更为精确。

定的训练集，然后逐个随机选择，[1]或者就是简单地给定传入的新训练样本。[2]因此，可以将第 4 章中的示例反向传播视为在线学习的一个实例。

现在，简单介绍之前一直没有重点介绍的一个术语技巧。一次 epoch 指的是针对整个训练集的一次完整的顺推和逆推。如果将大小为 10 000 的训练集分成 10 个小批[3]，那么针对某一批的一次顺推和一次逆推称为一次迭代，10 次迭代(小批的个数)称为一次 epoch。仅当按照在脚注中指明的方式划分样本时，上述表述才成立。如果为小批随机选择训练样本，那么 10 次迭代并不会构成一次 epoch。而另一方面，如果打乱训练集，然后再对其进行划分，那么 10 次迭代将构成一次 epoch，为领域顺序而做出的努力再一次取得胜利。

通常情况下，随机梯度下降的收敛速度会非常快，因为通过随机抽样，可以对整体梯度有一个很好的估计，但是，如果没有声明最小值(碗太浅)，则可能会产生之前在图 5.3 (中间部分)中看到的问题。其背后的直观原因在于，当我们具有较浅的曲率并随机对曲面进行抽样时，很可能会丢失一小部分在一开始获得的关于曲率的信息。在这种情况下，完整梯度下降与动量组合使用可能是一种比较好的选择。

5.5 关于多个隐藏层的问题：梯度消失和梯度爆炸

接下来，再回到第 4 章中提到的计算完整的前馈神经网络的问题。我们应该还记得，那是一个(2, 2, 1)配置的神经网络，也就是说包含两个输入神经元，两个隐藏神经元[4]和一个输出神经元。让我们回顾之前计算的权重更新：

- $w_1^{old} = 0.1$，$w_1^{new} = 0.1007$

---

1 我们也可以使用非随机选择。在这里，最有趣的概念就是先学习最简单的实例，然后继续学习较为复杂的实例，这种方法被称为课程学习。有关这种方法的更多详细信息，请参见[13]。

2 这类似于强化学习，强化学习与监督学习和无监督学习一样，是机器学习的三个主要领域之一，不过，我们已经决定不在本书中对其进行详细的介绍，因为它已经超出了深度学习初级简介的范围。如果读者想要对这方面的内容进行更为深入的学习，我们建议阅读[14]。

3 假设为了便于解释说明，这里所说的划分并不是随机的：第一批包含训练样本1～1000，第二批包含训练样本1001～2000，以此类推。

4 一个隐藏层中包含两个神经元。如果配置是(3, 2, 4, 1)，我们可以知道，它有两个隐藏层，第一个隐藏层包含两个神经元，第二个隐藏层包含四个神经元。

- $w_2^{old} = 0.5,\quad w_2^{new} = 0.502$
- $w_3^{old} = 0.4,\quad w_3^{new} = 0.4024$
- $w_4^{old} = 0.3,\quad w_4^{new} = 0.307$
- $w_5^{old} = 0.2,\quad w_5^{new} = 0.2373$
- $w_6^{old} = 0.6,\quad w_6^{new} = 0.6374$

看一看权重更新的数量，你可能会注意到，两个权重的更新量比其他权重明显要大一些。这两个权重(w_5 和 w_6)是连接输出层与隐藏层的权重。其余的权重用于连接输入层与隐藏层。但是，为什么这两个权重要更大一些呢？原因在于，在反向传播时需要经过较少的层，因此它们仍然较大：从结构上来说，反向传播其实就是链式法则。链式法则实际上不过是导数的乘法运算。而所需的所有项的导数的值都为0～1。[1]因此，添加了反向传播时需要经过的层以后，需要乘以更多的0～1 的数字，一般情况下，这会使权重值快速变小。实际上，这并没有应用正则化，如果应用了正则化，结果会变得更糟，因为它总是会倾向于较小的权重(由于权重更新会因为导数而变得很小，因此，未正则化的部分使权重增加的可能性微乎其微)。这种现象被称为梯度消失。

可以尝试通过将权重初始化为非常大的值来避开这一问题，同时希望反向传播刚好可以将它们切割成正确的值。[2]在这种情况下，可能会获得一个非常大的梯度，而这也可能会影响学习，因为在梯度方向上的一步虽然方向正确，但是步幅会使我们进一步远离该步之前所得到的解。上述介绍的意义在于，通常情况下，我们的问题是梯度消失，但是，如果从根本上变更原有的方法，那么可能会走向问题的另一面，其结果可能会更糟。如果反向传播时需要经过的层有很多，那么梯度下降方法实际上非常不稳定。

为了解梯度消失问题的重要性，必须要指出的是，梯度消失问题刚好可以通过深度学习予以解决。深度学习的真正定义其实就是能够堆叠很多层但仍可避免梯度消失问题的技术。某些深度学习技术正面解决这一问题(LSTM)，有些技术则尝试巧妙地避开这一问题(卷积神经网络)，有些技术会使用与简单神经网络不同的连接(霍普菲尔德网络)，有些技术则是通过黑客获得解决方案(残差连接)，此外，

---

1 实际上，我们使用了调整后的值以使这一表述成立。我们需要的一些导数很快就会成为0～1的值。但是，如果S型导数在数学上界定为0～1，并且有多层(例如8层)，那么S型导数将支配反向传播。

2 如果将这种常规方法比喻成黏土雕像(去除多余的黏土，但有时候也需要增加黏土)，那么将权重初始化为较大的值背后的直观理解就是，取一块石头或木头，然后开始切削掉多余的部分。

还有一些技术使用奇怪的神经网络现象来占得上风(自动编码器)。本书剩下的部分将专门为大家介绍这些技术和体系结构。从历史上来说,梯度消失问题最早是由 Sepp Hochreiter 于 1991 年在他的毕业论文(见参考文献[15])中提出的。他的论文导师是 Jürgen Schmidhuber,他们二人于 1997 年在参考文献[16]中建立了最有影响力的循环神经网络架构之一(LSTM),在后面的章节中会对这一神经网络进行深入的探索。此外,他们还写过一篇非常有意思的论文,为梯度消失问题的讨论注入了更多细节,这篇论文就是参考文献[17]。

在继续介绍本书的第二部分之前,最后还要做一个说明。我们选择的是认为最流行的、最具影响力的神经网络体系结构,但是,还有越来越多的神经网络体系结构会被发现。本书的目标并不是为大家全面介绍现有的或将来的所有技术,而是要帮助读者了解从事深度学习论文和专题著作研究所需的知识和直观概念。本书并不是关于深度学习的终极巨著,而只是一本导引性的教科书,可能并不是非常完善。我们付出了巨大的努力,纳入了大量神经网络体系结构,以便为读者展示这个令人惊奇的认知科学和人工智能领域的丰富内涵和多样性。

第6章

卷积神经网络

6.1　第三次介绍逻辑回归

在这一章中，将为大家介绍卷积神经网络，这种神经网络最早是由 Yann LeCun 等人于 1998 年发明的(见参考文献[1])。Yann LeCun 及其团队所实现的观点更早一些, 主要是基于 David H. Hubel 和 Torsten Weisel 于 1968 年在他们的开创性论文(见参考文献[2])中提出的观点，这篇论文也让他们赢得了 1981 年的诺贝尔生理医学奖。他们探索了动物视觉皮质，发现了很小但组织有序的大脑区域中的活动与小的视野区域中的活动之间的联系。在某些情况下，甚至可以精确地指出是哪些神经元负责视野的某一部分。这使他们发现了感受野(receptive field)，这是一个用于描述视野的各个部分与处理信息的各个神经元之间的链接的概念。

"感受野"的观点完善了构建卷积神经网络所需的第三个也是最后一个组成部分。但是，另外两部分是什么呢？第一部分是一个技术细节：将图像(二维数组)压平为向量。尽管现在的绝大多数实现方式都可以轻松地处理数组，但在后台它们通常还是会被压平为向量。在我们的解释说明中也采用这种方法，因为这样可以少一些华而不实的论断，使读者可以在这个过程中掌握一些技术细节。大家可以在图 6.1 的上半部分看到压平一个 3×3 图像的图解。第二个组成部分是获取图像向量，并为其指定一个主力神经元，负责进行处理。你能指出我们可以使用什么吗？

如果你的答案是"逻辑回归"，恭喜你，答对了！但是，我们将使用不同的激活函数，而结构是相同的。卷积神经网络指的是具有一个或多个卷积层的神经网络。这并不是一个严格的定义,而是一个简单、快捷的定义。有一些架构虽然使用卷积层,但不会被称为"卷积神经网络"[1]。因此,现在需要描述什么是卷积层。

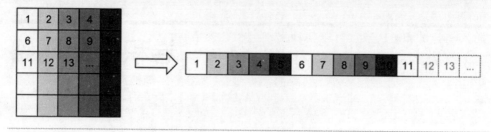

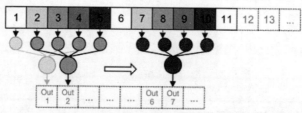

图 6.1   利用逻辑回归构建一个一维卷积层

卷积层接收一个图像[2]和一个输入大小为 4 (这里只是举个例子,通常情况下,大小为 4 或 9,有时候也可能是 16)的小型逻辑回归,并针对整个图像传递逻辑回归。这意味着第一个输入由压平向量的第 1~9 个分量组成,第二个输入是第 2~10 个分量,第三个输入是第 3~11 个分量,以此类推。大家可以在图 6.1 的下半部分看到这个过程的大概情况。这个过程会创建一个输出向量,这个向量要比整体输入向量小,因为是从分量 1 开始的,然后提取 4 个分量,用它们生成一个输出。最终结果就是,如果利用逻辑回归(在卷积神经网络中,此逻辑回归被称为局部感受野)沿着一个十维向量移动,可以生成一个七维输出向量(参见图 6.1 的下半部分)。这种类型的卷积层称为一维卷积层或时域卷积层。它并不一定要使用时间序列(它可以使用任何数据,因为你可以压平任何数据),但是,这里使用这个名称是为了将其与传统的二维卷积层区分开来。

---

1 Yann LeCun曾经在一次采访中说过,相比于"卷积神经网络",他更喜欢"卷积网络"这个名字。

2 在这种情况下,图像指的是值为0~255的任何二维数组。在图6.1中,我们已经对位置进行了编号,你可以将它们认为是"单元编号",在这种意义上,它们将包含特定的值,但是,图像上的数字仅表示它们的顺序。此外,还要注意的是,举例来说,如果我们具有100×100 RGB图像,每个图像将是一个三维数组(张量),维度为(100, 100, 3)。数组的最后一个维度将保存三个通道,即红色、绿色和蓝色。

也可以采用其他方法，例如，希望输出维度与输入相同，那么四维局部感受野就需要从输入"单元"-1、0、1、2开始，然后继续获取0、1、2、3，以此类推，最后结束于9、10、11(你可以自己绘制一下，看看为什么不需要使用12)。插入-1、0和11分量可以使输出向量与输入向量具有相同的大小，这种方法称为填充。通常情况下，其他分量会获取值0，但有时候，也可以获取图像的第一个和最后一个分量的值，或者所有值的平均值。在进行填充时，重要的是考虑如何才能使卷积层在学习填充的规律时不会产生误解。当从压平向量转换为非压平图像时，填充(以及讨论的其他一些概念)将变得非常直观。不过，在继续之前，还有最后一点需要说明。一次将局部感受野移动一个分量，但是，也可以移动两个或更多分量。甚至可以采用动态变化的移动数量，在向量的两端移动得更快一些，在向量的中心移动得更慢一些。控制在接受输入之间将感受野移动多少个分量的参数称为卷积层的步长(stride)。

接下来介绍二维的情况，就好像没有将图像压平为向量一样。这是卷积层的典型设置，此类层称为二维卷积层或平面卷积层。如果使用三维，则称为空间卷积层，而如果使用四维或更高的维度，则称为超空间卷积层。在相关的文献著作中，通常将二维卷积层称为"空间"卷积层，不过，这会触发人的蜘蛛感应。

逻辑回归(局部感受野)输入现在应该也是二维的，而且这就是大多情况下都使用4、9和16的原因，那就是它们都是二次方数，即分别是2×2、3×3和4×4。现在，步长表示在图像上进行一次该二次方大小的移动，从左侧开始，向右移动，移动到头后，下移一行，一直移动到最左侧而不扫描，然后从左向右进行扫描(你可以在图6.2的上半部分看到这一过程的各步)。有一点变得非常明显，那就是现在获得的输出变少了。如果使用3×3局部感受野扫描一个10×10的图像，按照从局部感受野获得的输出，将得到一个8×8的数组(参见图6.2的下半部分)。一个卷积层到此结束。

卷积神经网络具有多个层。假设一个卷积神经网络由三个卷积层和一个全连接层组成。例如，使用这个神经网络处理一个大小为10的图像，并且所有三个层都有3×3的局部感受野。它的任务是决定某张图片中是否包含汽车。下面介绍网络是如何工作的。

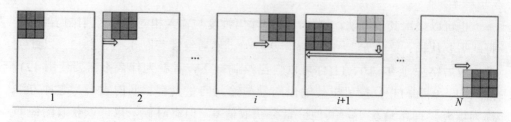

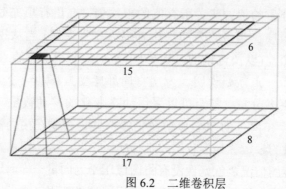

图 6.2   二维卷积层

第一层接收一个 10×10 的图像,生成一个大小为 8×8 的输出(对权重和偏差进行了随机初始化),然后将这个输出传递到第二个卷积层(该层具有自己的局部感受野以及随机初始化的权重和偏差,但我们决定也将其设定为 3×3),该层生成一个大小为 6×6 的输出,然后将这个输出传递到第三个卷积层(该层也有一个局部感受野)。第三个卷积层将生成一个 4×4 的图像。然后,将得到的图像压平成一个16 维向量,并将其馈送到一个标准的全连接层,该层具有一个输出神经元,并使用一个逻辑函数作为其非线性函数。实际上,这是另一个隐藏的逻辑回归,不过,它原本可以具有多个输出神经元,那样的话,它就不是一个正常的逻辑回归,因此,将其称为大小为 1 的全连接层。输入层大小并未指定,假设其等于上一层的输出。然后,由于它使用逻辑函数,因此,将生成0~1 的输出,并将其输出与图像标签进行比较。接下来,计算并反向传播误差,然后针对数据集中的每个图像重复此过程,最终完成网络的训练。

训练卷积层意味着训练层的局部感受野(以及全连接层的权重和偏差)。它有一个偏差以及少量的权重(等于局部感受野中的单元数)。在这方面,它就像是一个小型逻辑回归,也正是如此,才使得卷积网络的训练速度比较快,它们只需要学习少量的参数。逻辑回归与局部感受野之间主要的结构差别在于,在局部感受野中,可以使用任何激活函数,而在逻辑回归中,应该使用逻辑函数(如果希望将其称为"逻辑回归"的话)。最常用的激活函数是修正线性单元(Rectified Linear Unit,ReLU)。x 的 ReLU 实际上就是 0 和 x 中的最大值,意思就是,如果输入为负数，它将返回 0；否则的话，它将返回原始输入。其对应的符号表示形式如下：

$$\rho(x) = \max(x,0) \tag{6.1}$$

二维填充实际上就是一个由围绕图像的 n 个像素构成的"数据框"。需要注意的是，如果仅使用 3×3 的局部感受野，那么使用大小为 3(像素)的填充没有太大的意义，因为它只会在图像边界上增加一个像素。

6.2 特征图和池化

现在，我们已经了解了卷积神经网络的工作方式，接下来，可以使用一种技巧。在前面的介绍中，提到过一个卷积层使用 3×3 的局部感受野(9 个权重，1 个偏差)扫描一个 10×10 的图像，生成一个新的 8×8 "图像"作为输出。另外，假设图像具有三个颜色通道。如何处理具有三个通道的图像？比较自然的回答是针对同一感受野(具有可训练但随机初始化的权重和偏差)运行。这是一种很好的策略。但是，如果做出改变，不是针对三个通道使用一个局部感受野，而是针对一个通道使用五个局部感受野，会怎么样？请记住，局部感受野是通过其大小以及权重和偏差来定义的。这里所采用的方法就是使大小保持一致，但使用不同的权重和偏差来初始化其他感受野。

这意味着，在扫描 10×10 的三通道图像时，它们将构造 15 个 8×8 的输出图像。这些图像称为特征图。它就像是拥有一个具有 15 个通道的 8×8 图像。这非常有用，因为只有一个学习良好表示(例如，狗图片上的眼睛和鼻子)的特征图会大幅提高网络的整体准确性[1](假设整个网络的任务是对狗图像和各种非狗动物或物体的图像进行分类，也就是检测出图像中的狗)。

在这里，主要思想之一就是将一个 10×10 的三通道图像转换为一个 8×8 的 15 通道图像。输入图像变换成一个更小但更深的对象，并且在每个卷积层都会出现这种情况。[2]使图像变小意味着以一种更紧凑(但更深)的表示形式来包装信息。为了实现紧凑性的目标，可以在某个卷积层之后或之前添加一个新层。这个新层称为最大池化层。最大池化层接收池大小作为一个超参数，通常为 2×2。然后，它会通过以下方式处理其输入图像：将图像划分成 2×2 的区域(就像栅格)，然后从

---

1 在这里，你可能会注意到权重初始化的重要性。我们有一些比随机初始化更好的技术，但是，找到一种好的权重初始化策略仍然是一个有待进一步研究的重要问题。

2 如果使用填充，我们将保持同样的大小，但是，仍然会扩展深度。当图像的边缘具有可能比较重要的信息时，填充会非常有用。

每个四像素池中提取具有最大值的像素。将这些像素组成一个新的图像，顺序与原始图像相同。一个 2×2 的最大池化层可以生成大小为原始图像一半的图像(并不会增加通道数)。当然，并不一定要选择最大值，也可以设计为选择或创建不同的像素，例如四个像素的平均值、最小值等。

最大池化背后的思想在于，图片中的重要信息很少会包含在临近像素中(这层意思对应于"从四个像素中选取一个"部分)，而是通常包含在更深的像素中(这层意思对应于使用最大值)。大家可能马上就会注意到，这里有一个非常强的假设，而这个假设一般情况下可能并不总是成立。必须指出的是，最大池化很少用在图像本身上(不过也是可以使用的)，而更多地用在经过学习的特征图上，特征图也属于图像，却是非常特殊的图像。你可以尝试修改下面一节中的代码，以便输出来自某个卷积层的特征图。[1]你可以从降低屏幕分辨率的角度来考虑最大池化。一般情况下，如果要在一个 1200×1600 的图像上识别狗，实际上可能会在一个更小的 600×800 的图像上进行识别。

通常情况下，一个卷积神经网络包含一个卷积层，后跟一个最大池化层，再后面又是一个卷积层，等等。当图像通过网络时，经过一些层以后，就会得到一个具有很多通道的小图像。然后，可以将该图像压平为一个向量，并在最后使用简单的逻辑回归来提取与分类问题相关的部分。逻辑回归(这一次使用逻辑函数)将选出使用表示的哪些部分来进行分类并创建结果，结果将与目标进行比较，然后反向传播误差。这就构成了一个完整的卷积神经网络。图 6.3 中显示了一个简单但完整的卷积网络，其中包含四个层。

为什么卷积神经网络更容易训练？答案在于使用的参数数量。一个关于 MNIST 数据集的深度为五层的完全连接神经网络具有很多权重，而需要通过这些权重进行反向传播[2]。所有感受野都为 3×3 的五层卷积网络(只包含卷积层)具有 45 个权重和 5 个偏差。请注意，此配置可以用于任意大的图像：不需要扩展输入层(在我们的示例中是一个卷积层)，但随后需要更多的卷积层来使图像收缩。尽管添加了特征图，但每个特征图的训练都是彼此独立的，也就是说，可以并行对它们进行训练。这样，整个过程不仅计算速度非常快，而且还可以将其拆分到很多处理器分别进行处理。与此相对的是，通过一个常规的前馈全连接网络反向传播误差

---

1 你已经获得了本书中获得特征图数组(张量)所需的全部内容，甚至可以将其挤压成二维形式，不过，你可能还需要在网上进行搜索，找出如何将张量可视化为图像。大家可以将其作为一个非常好的Python练习。

2 如果每层有100个神经元，只有一个输出神经元，那么总共有784 · 100 + 100 · 100 + 100 · 100 + 100 · 1 = 98 500个参数，这还是在没有偏差的情况下，可见参数的数量是多么大！

是高度连续的，因为需要使用输出层的导数来计算内层的导数。

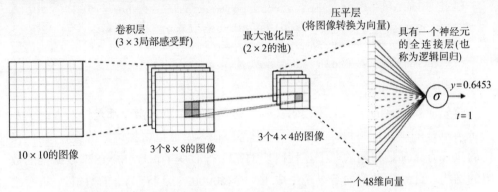

图 6.3　包含一个卷积层、一个最大池化层、一个压平层以及一个具有
一个神经元的全连接层的卷积神经网络

6.3　一个完整的卷积网络

接下来，将使用 Python 展示一个完整的卷积神经网络。在这里，将使用 Keras 库，这使我们能够基于各个组成部分来构建神经网络，而不必过多担心维度问题。这里的所有代码都应该放在一个 Python 文件中，然后在终端或命令提示符中执行。还可以通过其他方式运行 Python 代码，尽管放心使用，不会出现中断的情况。应该放在文件中的代码的第一部分用于处理从 Keras 和 Numpy 导入内容的操作：

```
import numpy as np
from keras.models import Sequential
from keras.layers import Dense, Dropout, Activation, Flatten
from keras.layers import Convolution2D, MaxPooling2D
from keras.utils import np_utils
from keras.datasets import mnist
(train_samples, train_labels), (test_samples, test_labels) =
 mnist.load_data()
```

你可能已经注意到，我们将从 Keras 库中导入 MNIST 数据集。上述代码的最后一行用于使用 4 个不同的变量加载训练样本、训练标签、测试样本和测试标签。此 Python 文件中的绝大多数代码实际上都将用于对 MNIST 数据进行格式化(或预处理)，以便满足必须实现的要求，从而能够馈送到卷积神经网络。代码的下一部分将处理 MNIST 图像：

```
train_samples = train_samples.reshape(train_samples.shape[0], 28, 28, 1)
test_samples = test_samples.reshape(test_samples.shape[0], 28, 28, 1)
train_samples = train_samples.astype('float32')
test_samples = test_samples.astype('float32')
train_samples = train_samples/255
test_samples = test_samples/255
```

首先需要注意的是，上述代码实际上是重复的：所有操作都是针对训练集和测试集执行的，我们将仅对其中一个进行注释说明(这里将探讨训练集)，其他操作的执行方式都是相同的。上述代码块的第一行改变了保存 MNIST 数据集的数组的结构。此结构调整的结果是生成了一个(60000, 28, 28, 1)维的数组。[1]第一维实际上是样本的数量，第二维和第三维用于表示尺寸为 28×28 的图像，最后一维表示通道。它可以是 RGB，不过，MNIST 采用灰度形式，因此，这看起来似乎是多余的，然而，改变数组结构[初始维度为(60000, 28×28)]的要点实际上就是在其中添加最后这个包含 1 个分量的维度。其背后的原因在于，随着在卷积层中向前推进，将在这一方向添加特征图，因此，需要对张量进行准备以便能够接受它。第三行将数组中的条目声明为 `float32` 类型。这样做其实就是意味着它们将被视为小数。Python 会自动执行此操作，但 Numpy (可以显著加快计算速度)需要类型声明，因此，需要加上这一行。第五行用于将数组条目从 0～255 的范围归一化为 0～1 的范围(可以解释为一个像素中的灰度百分比)。前面这些操作都是用于处理样本的，接下来，必须使用独热编码对标签(数字 0～9)进行预处理。将使用下面的代码执行此操作：

```
c_train_labels = np_utils.to_categorical(train_labels, 10)
c_test_labels = np_utils.to_categorical(test_labels, 10)
```

至此，就完成了对数据的预处理，接下来可以继续构建实际的卷积神经网络。下面的代码用于指定层：

```
convnet = Sequential()
convnet.add(Convolution2D(32, 4, 4, activation='relu', input_shape=
  (28,28,1)))
convnet.add(MaxPooling2D(pool_size=(2,2)))
convnet.add(Convolution2D(32, 3, 3, activation='relu'))
convnet.add(MaxPooling2D(pool_size=(2,2)))
```

---

1 从数学的角度来说，这是一个张量。

```
convnet.add(Dropout(0.3))
convnet.add(Flatten())
convnet.add(Dense(10, activation='softmax'))
```

上述代码块的第一行将创建一个新的空模型，其他行将填充网络规格。第二行用于添加第一层，在这个例子中，这一层是一个卷积层，它需要生成 32 个特征图，使用 ReLU 作为激活函数，并且具有 4×4 的感受野。对于第一层，还需要指定要为其提供的每个训练样本的输入维度。需要注意的是，Keras 会使用数组的第一维来表示各个训练样本，并根据它切碎(解析)数据集，因此，不需要担心给定一个(65600, 28, 28, 1)张量，而不是(60000, 28, 28, 1)，在指定此内容以后，它会接收 `input_shape=(28, 28, 1)`，但是，如果给定(60000, 29, 29, 1)或者(60000, 28, 28)的数据集，代码将崩溃。第三行定义一个最大池化层，池大小为 2×2。下一行指定第三层，该层也是一个卷积层，但这次的感受野为 3×3。在这里，不需要指定输入维度，Keras 会为我们完成此操作。在此之后，是另一个最大池化层，池大小也是 2×2。

在此之后，是一个丢弃"层"。这并不是真正的一层，而只是上一层与下一层之间连接的修改形式。连接修改为对所有连接包含值为0.3的丢弃率。下一行将压平张量。这是我们介绍的用于将固定大小的矩阵转换为向量的过程的广义版本，[1]只有在这里，才会针对任意张量对其进行广义推广。

然后，压平向量将馈送到最后一层(此代码块的最后一行)，这是一个标准的全连接前馈层，[2]接受的输入数量就是压平向量中的分量数，并输出 10 个值(10 个输出神经元)，其中每个值将表示一个数字，并且会输出各自的概率。其中哪个值表示哪个数字实际上完全由对标签执行独热编码时的顺序来定义。

最后一层中使用的 Softmax 激活函数是适用于两个以上类的逻辑函数版本，将在后面的章节对其进行介绍，现在，只是将其认为是适用于许多类(0~9 的每个标签都有一个类)的逻辑函数就可以了。现在，指定了一个模型，接下来必须对其进行编译。编译模型意味着 Keras 现在可以推断出并填充没有指定的所有必要细节，例如第二个卷积层的输入大小，或者压平向量的维度。下一行代码用于编译模型：

```
convnet.compile(loss='mean_squared_error', optimizer='sgd', metrics=
['accuracy'])
```

---

1 请记住我们如何将 28×28 的矩阵转换为 784 维向量。
2 Keras 将其称为"稠密"层。

在这里，可以看到已经将训练方法指定为'sgd'，也就是随机梯度下降，误差
函数指定为 MSE。此外，还要求 Keras 在训练时计算准确率。下一行代码用于对
编译的模型进行训练：

```
convnet.fit(train_samples, c_train_labels, batch_size=32, nb_epoch=20,
 verbose=1)
```

上一行代码使用 train_samples 作为训练样本，使用 c_train_labels
作为训练标签来对模型进行训练。此外，它使用的批大小为 32，并且训练 20 次
epoch。verbose 标志设置为 1，表示它将输出训练的详细信息。现在，继续看看
代码的最后一部分，这部分将输出准确率，并根据其所学到的内容针对一组新的
数据做出预测。

```
metrics = convnet.evaluate(test_samples, c_test_labels, verbose=1)
print()
print("%s: %.2f%%" % (convnet.metrics_names[1], metrics[1]*100))
predictions = convnet.predict(test_samples)
```

最后一行非常重要。在这里，使用的是 test_samples，但是，如果你想要
使用它进行预测，就应该在这里使用一些新的样本，但要记住，除了第一维之外，
它们必须与 test_samples 具有完全相同的维度，而第一维用于保存各个训练样
本，并且 Keras 会根据它解析数据集。除了第一维之外，变量 predictions 将与
c_test_labels 具有完全相同的维度，不过，test_samples 和 c_test_labels
的第一维是相同的(因为它们是这组样本的预测标签)。你可以在最后添加一行，
对应的代码为 print(predictions)，以便看看实际的预测结果，或者也可以
使用代码 print(predictions.shape)，以便看看 predictions 中存储的
数组的维度。上述 29 行代码(如果在最后添加了一行，则为 30 行)就构成了一个
完整的卷积网络。

6.4 使用卷积网络对文本进行分类

尽管卷积神经网络的标准设置是图像中的模式识别，但卷积神经网络也可以
用于对文本进行分类。一种标准的方法就是使用字符而不是单词作为基本元素，
然后尝试将字符级别的文本表示映射到更高级别的概念，如正面情绪或负面情绪。
这个过程非常有趣，因为它允许在原始文本基础上执行大量的语言处理，不需要

任何奇特的特征工程或包含大量知识的逻辑系统，只需要从使用的字母进行学习即可。在这一节中，将探讨 Xiang Zhang、Junbo Zhao 和 Yann LeCun 共同撰写的经典论文"Character-level Convolutional Networks for Text Classification"(使用字符级别的卷积神经网络来做文本分类任务)(见参考文献[3])。论文本身包含的内容比这里介绍的要丰富得多，我们主要是展示作者使用的方法的基本框架。我们之所以这样做，是为了帮助读者了解如何阅读研究论文，强烈建议读者从 arxiv.org/abs/1509.01626 下载该论文的一份副本，并将其中的文本与我们在这里写下的内容进行比较。以后还会有一些像这样的章节，目标都是一样的，那就是帮助学生理解我们认为非常有趣并且有意义的论文。当然，还有很多具有开创性意义并且非常有趣的论文，由于篇幅的限制，只能从中选择一部分，不过，鼓励感兴趣的读者找出更多相关论文并自行阅读研究。

论文"Character-level Convolutional Networks for Text Classification"(使用字符级别的卷积神经网络来做文本分类任务)使用卷积神经网络来对文本进行分类。作者探索的任务之一是亚马逊评论情感分析(Amazon Review Sentiment Analysis)。这是使用最广泛的情感分析数据集，可以通过多种来源获取，或许最佳的来源是 https://www.kaggle.com/bittlingmayer/amazonreviews。你需要进行一些格式设置以使其能够运行，这个过程是一个非常好的数据整理练习。这些文件中的每一行都会在开头有一个评论并带有一个标签。下面是来自原始文件中的两个样本(你可以推断出哪个标签是哪个，因为只有两个)。

```
__label__1 Waste of money!
```

```
__label__2 Great book for travelling Europe:
```

作者使用了几种体系结构，而我们重点介绍较大的一个。网络使用一维卷积层。需要注意的是，在这里，使用的一维卷积层示例将处理 $m \times n$ 矩阵，而不是向量。该过程与处理向量相同，因为一维卷积层的行为方式是一样的，只不过它会在一个传递过程中获取全部 m 行，而不是像处理向量时那样只获取一行。局部感受野的"宽度"仍然是一个超参数，与步长一样。在整篇论文中，步长都是 1。

论文中使用的网络的第一层的大小为 1024，局部感受野(在论文中称为"核")为 7，后跟一个池化层，其中包含一个大小为 3 的池。在论文中，将所有这些称为"第 1 层"。作者将池化认为是卷积层的一部分，这没有问题，但是，Keras 将池化视为单独的一层，因此，在这里将重新列举各个层，以便读者可以在 Keras 中重新创建它们。第三层和第四层与第一层和第二层相同。第五、第六、第七和第八层与第一层相同(它们都是没有池化的卷积层)，第九层是一个最大池化层，池大小为 3 (也就是说，它与第二层比较类似)。第十层是一个压平层，第十一和第十二层是大小为 2048 的全连接层。最后一层的大小取决于使用的类数。对于情感来说，对应的类包括"正面"和"负面"，因此，可以使用具有一个输出神经元的逻辑函数(其他所有层都使用 ReLU)。如果具有更多的类，则可以使用 Softmax 函数，不过，在后面的章节中才会介绍这种情况。此外，在三个全连接层之间还有两个丢弃层以及特殊的权重初始化，不过，在这里将它们忽略不计。

现在，已经对任务进行了解释，向大家介绍了在哪里可以找到包含数据和标签的数据集，并探索了网络体系结构。除此之外，剩下的就是看一看如何将数据馈送到网络，为了完成这一步骤，需要进行编码。编码是这篇论文中最难处理的部分。[1]

接下来介绍作者是如何对文本进行编码的。我们已经注意到，他们使用的是基于字符的方法，因此，需要指定要使用的字符，也就是说，应该在文本中保留哪些字符，哪些字符需要删除。作者将所有大写字母都替换为小写字母，并且将英文字母表中的 26 个字母全都保留为有效字符。此外，他们还保留了 10 个数字以及 33 个其他字符(包括括号、$、#等)。他们保留的有效字符数加起来总共有 69 个。除此之外，他们还保留了换行符，通常表示为\n。这是单击键盘上的 Enter 或 Return 键所生成的字符。大家可能无法直接看到它，但是，计算机会生成新的一行。这意味着词汇量为 69，将其表示为 M。

特定评论的字符串长度表示为 L。评论(不包含标签部分)将使用字符进行独热编码(也称为 1-of-M 哑编码)，但是存在一个转换。为了使系统的行为方式像人类记忆，会对每个字符串进行反转，例如，`Waste of money!`将变为`!yenom fo etsaW`。如果想要查看完整的示例，可以假设只允许 a、b、c、d 和 S 作为有效字符，[2]其中 S 只表示空白字符，因为保留空格可能会产生混淆(已经使用⊔表示 Python 代码缩进)。假设评论的文本是 abbaScadd，而 $L_{final}=7$。首先，将文本反转为 ddacSabba，然后对其进行剪切，使其长度变为 7，从而得到 ddacSab。随后，使用独热编码获得一个 $M \times L_{final}$ 的矩阵，用于表示此输入样本，如下所示。

---

1 一般来说，每篇论文都会有一个"最难处理的部分"，希望大家自己学习如何解码这一部分，因为这通常是论文最重要的部分。

2 因为若是整个字母表的话，可能一页无法完整显示，不过，在我们的示例的基础上，大家可以轻松地想象出如何扩展到正常的英文字母表。

a	0	0	1	0	0	1	0
b	0	0	0	0	0	0	1
c	0	0	0	1	0	0	0
d	1	1	0	0	0	0	0
S	0	0	0	0	1	0	0

另一方面，如果评论文本为 bad，而 $L_{final} = 7$，那么首先应该将文本反转为 dab，然后将其放在 $M \times L_{final}$ 矩阵的左侧，其他列使用零进行填充，如下所示。

a	0	1	0	0	0	0	0
b	0	0	1	0	0	0	0
c	0	0	0	0	0	0	0
d	1	0	0	0	0	0	0
S	0	0	0	0	0	0	0

但是，对于卷积神经网络来说，所有输入矩阵都必须具有相同的维度，因此，有一个 L_{final}。对于 L_{final} 的所有输入，其长度将修剪为 L_{final}，而对于 $L_{final} > L$ 的所有输入，将在右侧填充足够的零以使其长度刚好等于 L_{final}。这就是作者使用反转的原因，因为应用反转以后，在进行修剪时，仅丢失开头更远的信息，而不是结尾更近的信息。

我们可能会问，如何在此基础上生成一个 Keras 易于处理的数据集？第一项任务是将它们视为张量。这么做其实就是为了收集所有 $M \times L_{final}$ 矩阵并添加第三个维度，用于沿这个维度将它们"黏合"到一起。这意味着，如果有 1000 个 $M \times L_{final}$ 矩阵，那么将生成一个 $M \times L_{final} \times 1000$ 张量。根据将要使用的实现，生成 $1000 \times M \times L_{final}$ 张量可能会更有意义。现在，将这个张量(一个三维 Numpy 数组)初始化为全部都是零，然后选择一个函数，在应该为 1 的地方放置 1。大家可以尝试编写用于实现此体系结构的 Keras 代码。像之前一样，如果遇到麻烦，可以向 StackOverflow 寻求帮助。如果你之前从未执行过类似的操作，可能需要花费一周[1]的时间才能让代码正常运行，尽管最终并没有很多行代码。这是一个关于深度学习的非常好的练习，希望大家亲自试一试。

1　每天几个小时，而不是真正的一周。

第 7 章

循环神经网络

7.1 不等长序列

先来看一看总体的情况。前馈神经网络可以处理向量，卷积神经网络可以处理矩阵(会转换为向量)。那么，如何处理不等长序列呢？举例来说，如果要处理大小不同的图像，只需要调整其大小使之匹配即可。如果有一个 800×600 的图像和一个 1600×1200 的图像，很明显，只需要调整其中一个图像的大小即可。在这种情况下，有两个选项可供选择。第一个选项是使较大的图像缩小一些。为了达到这一目的，可以采用两种方式：获取四个像素的平均值，或者对它们进行最大池化。另一方面，也可以通过插入像素使较小的图像放大一些。如果图像不能按比例缩放，例如一个图像是 800×600，另一个图像是 800×555，在这种情况下，只需要在一个方向对图像进行扩展即可。所做的变形不会影响图像处理，因为图像仍保留着绝大部分的形状。在一种情况下，变形会对神经网络产生影响，那就是如果构建一个分类器来区分椭圆和圆形，然后调整图像的大小，因为这样会使圆形看起来与椭圆比较相似。需要注意的是，如果要分析的所有矩阵的大小全都相同，那么可以使用长向量表示它们，正如之前在关于 MNIST 的一节中所看到的。如果它们的大小不同，则不能将它们编码为向量并保持良好的属性，因为各个行的长度是不同的。如果所有图像的大小都是 20×20，那么可以使用大小为 400 的向量对其进行转换。这意味着，图像的第 3 行中的第 2 个像素是 400 维向量的第 43 个分量。如果有两个图像，一个大小为 20×20，另一个大小为 30×30，那么？维向量(假设在这里可以通过某种方式找到一个合适的维度)的第 43 个分量是第一个图像的第 3 行中的第 2 个像素以及第 2 个图像的第 2 行中的第 13 个像素。但是，真正的问题是如何将不同维度的向量(400 和 300)放在一个神经网络中。到目前为止，看到的所有内容都需要固定维度的向量。

不同维度的问题可以看作学习不等长序列的问题，音频处理就是如何处理这种问题的例子，因为各种音频剪辑的长度一般都是不同的。从理论上说，可以获取长度最长的那个音频剪辑，然后将其他所有音频剪辑都调整为相同的长度，但是，这样做会浪费很多空间。然而，这里存在一个更深层的问题。无声是语言的一部分，它通常用于沟通意义，因此，具有在训练集中使用标签 1 标记的某些内容的音频剪辑可能是正确的，但是，如果在剪辑的开头或结尾添加表示无声的10，标签 1 可能不再适合，因为具有无声内容的剪辑可能具有不同的意义。大家可以思考一下反话、讽刺以及其他类似的现象。

那么问题来了，我们可以做什么呢？答案就是，我们需要一种与之前不同的神经网络体系结构。到目前为止，看到的每种神经网络都具有用于将信息向前推送的连接，这就是将它们称为"前馈神经网络"的原因。结果发现，通过使用可以将输出以输入的形式重新馈送到某一层的连接，可以处理不等长序列。这样会增加网络的深度，但可以分享权重，因此，可以在一定程度上避免梯度消失问题。具有这种反馈环的网络被称为循环神经网络。在循环神经网络的历史上，曾经出现过一次有趣的转折。当感知器的概念无法很好地处理实际问题时，创建一种"多层感知器"的想法似乎变得顺理成章。请记住，当时这个概念仅停留在理论层面，它的出现要早于反向传播(在 1986 年之后被广泛接受)，这意味着，没有人可以实现反向传播。在这种理论观点的探索过程中，首先添加一个层，然后添加多个层，再添加反馈环，这些都是很自然、很简单的概念。这些发生在 1986 年之前。

由于当时反向传播的概念还没有被提出来，因此，约翰·霍普菲尔德(J. J. Hopfield)引入了霍普菲尔德网络的概念[1]，这种网络可以被认为是第一种成功的循环神经网络。在第 10 章中，将对这种网络进行详细、深入的探索。当时提出来的概念比较特殊，因为它们与我们现在认为的循环神经网络有所不同。最重要的循环神经网络是长短期记忆网络，简称 LSTM，是由 Hochreiter 和 Schmidhuber 于 1997 年提出来的(见参考文献[2])。直到现在，它们仍然是使用最广泛的循环神经网络，可用于处理各种领域中许多最高水平的研究成果，从语音识别到机器翻译等。我们将重点介绍一些必要的概念，以便为大家详细地解释 LSTM。

7.2　使用循环神经网络进行学习的三种设置

先简单回顾朴素贝叶斯分类器。正如之前在第 3 章中看到的，在从数据集计算 $\mathbb{P}(\text{target} \mid \text{features})$、$\mathbb{P}(\text{feature 1} \mid \text{target})$ 等以后，朴素贝叶斯分类器会计算 $\mathbb{P}(\text{feature 2} \mid \text{target})$。这就是朴素贝叶斯分类器的工作原理，不过，所有分类器(监督学习算法)都会尝试通过某种方式来计算 $\mathbb{P}(\text{target} \mid \text{features})$ 或 $\mathbb{P}(t \mid x)$。回想一下可以知道，对于任何谓词 $\mathbb{P}$，如果满足以下条件：　(i) $\mathbb{P}(A) \geqslant 0$，　(ii) $\mathbb{P}(\Omega) = 1$，其中 Ω 是概率空间，以及(iii)对于所有不相交的 A_n，$n \in \mathbb{N}, \mathbb{P}\left(\bigcup_{n=1}^{\infty} A_n\right) = \sum_{n=1}^{\infty} \mathbb{P}(A_n)$，那么这个谓词就是一个概率谓词。至于为什么是概率谓词，请大家自己试着找出其中的原因。

运用概率解释从鸟瞰图的角度来分析机器学习算法，可以说，监督机器学习算法执行的操作就是计算 $\mathbb{P}(t \mid x)$ (其中，x 表示输入向量，t 表示目标向量)。[1]这是经典设置，具有标签的简单监督学习。

循环神经网络只需要消化理解很多加了标签的序列即可在这种标准设置中学习，然后预测每个完成序列的标签。一个可能的例子是根据情绪对音频剪辑进行分类。不过，循环神经网络可以执行的操作要多得多。它们还可以从具有多个标签的序列进行学习。假设想要训练一个工业机器手臂来执行某项任务。这个机器手臂包含大量传感器，并且需要学习方向指令(为了简便起见，假设只有四个方向指令，即北、南、东、西)。然后，使用移动序列生成训练集，每个序列包含一串方向指令，例如 $x_1 N x_2 N x_3 W x_4 E x_5 W x_6 W$，或者仅仅是 $x_1 N x_2 W$。请注意这与之前看到的有什么不同。这里有一个由张量数据(x_i)和移动方向(N、E、S 或 W，使用 D 表示它们)组成的序列。需要注意的是，将序列拆分为 xD 段是一种非常不好的做法，因为在打断时，出现最多的可能是 xNxN 形式的移动，这种移动可能仅在序列的开头是有意义的(例如，作为"从装卸月台上下来"命令)，在任何其他情况中，这都是非常糟糕的。序列不能被打断，知道前一个状态不足以预测下一个状态。下一个状态仅依赖于当前状态的观点被称为马尔可夫假设，循环神经网络最主要的优势之一在于，它们不需要做出马尔可夫假设，它们可以建模更为复杂的行为。这意味着循环神经网络可以从各个部分添加了标签的不规则序列进行学习，在针对

---

1 在机器学习方面的文献著作中，通常都会发现 $\hat{y}$ 的表示方法，它表示从预测器获得的结果，y 用于表示目标值。我们使用的是一种不同的表示法，在深度学习领域更为常见，其中 x 表示从预测器获得的输出，而 t 用于表示实际值或目标。

未知向量进行预测时，它会创建一堆标签。将这种设置称为顺序设置。

此外，还要第三种设置，它是顺序设置的一种进化形式，可以称其为预测下一个设置。该设置完全不需要标签，通常用于自然语言处理。实际上，它是具有标签的，不过这些标签是隐式的。其作用原理是，对于每个输入序列(句子)，循环神经网络会将其拆分为子序列，并使用下一个单词作为目标。需要使用特殊的令牌表示句子的开头和结尾，而这些令牌必须手动加入，在这里，使用以下符号表示它们: $ ("开头")和&("结尾")。如果有一个句子"All I want for Christmas is you"，那么首先需要将其转换为"$ all I want for Christmas is you &"。[1]然后，句子将被拆分为输入和目标，我们将其表示为('input string','target'):

- ('$','all')
- ('$ all','I')
- ('$ all I','want')
- ('$ all I want', 'for')
- ('$ all I want for', 'Christmas')
- ('$ all I want for Christmas', 'is')
- ('$ all I want for Christmas is', 'you')
- ('$ all I want for Christmas is you', '&').

然后，循环神经网络会学习如何在听到一个单词序列后返回最可能的下一个单词。这意味着循环神经网络将从输入学习概率分布，也就是 $\mathbb{P}(x)$，由此可知，这实际上是一种无监督学习，因为不存在目标。在这里，目标是从输入合成的。

需要注意的是，通常情况下，希望限制要回看的单词数(也就是"输入字符串"部分的单词数长度)。一定要注意，这实际上是非常重要的，因为这可以看成解答容量的问题，而这是图灵测试的基础，而且这一步并不仅仅是为了获得一种有用的工具，更是为了实现通用人工智能。但是，在这里需要进行一处细微的调整。请大家注意，如果循环神经网络学习在一个句子中哪个单词是最可能的单词，可能会成为重复性的问题。假设在训练集中包含以下五个句子:

- 'My name is Cassidy'
- 'My name is Myron'
- 'My name is Marcus'
- 'My name is Marcus'
- 'My name is Marcus'.

---

1 请注意我们保留了哪些大写字母，并试着找出其中的原因。

　　现在，循环神经网络会得出 $\mathbb{P}(\text{Marcus}) = 0.6$ 、$\mathbb{P}(\text{Myron}) = 0.2$ 以及 $\mathbb{P}(\text{Cassidy})$ $= 0.2$ 。因此，当给定一个句子"My name is"时，它总是会选择 Marcus，因为它对应的概率最高。但是，这里的诀窍并不是让循环神经网络选择概率最高的那一个，而是希望它能够使用所有结果对应的概率构建每个输入序列的概率分布，然后对其进行随机抽样。结果在 60%的情况下将是 Marcus，但有时得到的结果也可能是 Myron 和 Cassidy。需要注意的是，这实际上解决了可能出现的大部分问题。如果不是这样，那么对于同样的单词序列，总会得到相同的响应。现在，已经给出了一个快速的黑盒视图，接下来需要深入挖掘循环神经网络的结构细节。

7.3　添加反馈环并展开神经网络

　　接下来介绍循环神经网络的工作方式。还记得梯度消失问题吗？当时，已经介绍了在一层之后添加另一层会严重削弱通过梯度下降算法学习权重的能力，因为移动非常小，有时甚至可以近似为零。卷积神经网络通过使用一组共享权重来解决此问题，这样，即使是一点一点地逐渐学习也不是问题，因为每一次都会更新相同的权重。唯一的问题在于，卷积神经网络具有非常特定的体系结构，使得它们最适合处理图像和其他有限的序列。

　　循环神经网络的工作方式并不是向简单的前馈神经网络添加新层，而是在隐藏层上添加循环连接。图 7.1(a)显示的是一个简单的前馈神经网络，而图 7.1(b)显示的是如何向图 7.1(a)中的简单前馈神经网络添加循环连接。简单前馈神经网络给定层的输出分别表示为 **I**、**O** 和 **H**，在添加循环连接时，使用 $\mathbf{H}_1, \mathbf{H}_2, \mathbf{H}_3, \mathbf{H}_4, \mathbf{H}_5 \cdots$ 来表示。简单前馈神经网络中的权重使用 w_x(输入到隐藏)和 w_o(隐藏到输出)来表示。请一定不要混淆一个隐藏层的多个输出与多个隐藏层，这一点非常重要，因为一个层实际上是从权重的角度来定义的，也就是说，每个层都有自己的一组权重，在这里，所有 $\mathbf{H}_n$ 共享相同的一组权重，即 w_h。图 7.1(c)基本上与图 7.1(b)完全相同，唯一的差别在于，我们将各个神经元(圆形)精简成向量(矩形)，从第 3 章开始，我们在计算中一直都是这样做的，不过，现在是针对视觉显示来执行此操作。需要注意的是，为了添加循环连接，需要在计算中添加一组权重 w_h，要想向网络中添加循环特性，只需要执行此操作即可。

　　请注意，循环神经网络可以展开，以便显示指定的所有循环连接。图 7.2(a)显示的是之前的网络，图 7.2(b)显示的是如何展开循环连接。图 7.2(c)与图 7.2(b)相同，但采用的是循环神经网络文献著作中使用的正确、详细的表示法，我们将重点使用这种表示方法来为大家介绍循环神经网络的工作方式。下一节将使用图 7.2 中的子图(c)作为参考,而在本章剩余的部分中,都将以此作为标准表示法。[1]

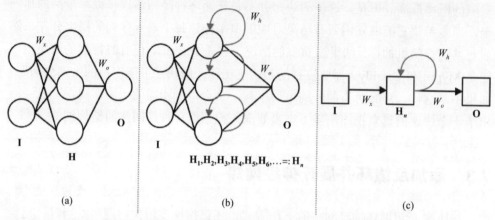

图 7.1   向简单前馈神经网络添加循环连接

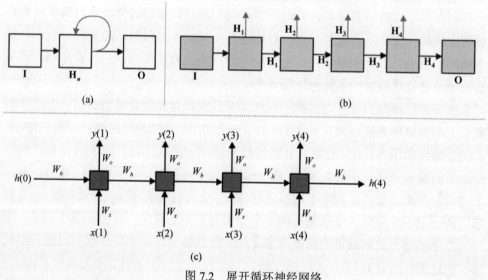

图 7.2   展开循环神经网络

7.4   埃尔曼网络

下面对图 7.2(c)做一下简单的说明。其中,w_x 表示输入权重,w_h 表示循环连接权重,而 w_o 表示隐藏到输出权重。像之前一样,x 表示输入,y 表示输出。但

---

1 我们在这里使用了灰色阴影,只是为了清楚地表示逐渐过渡到正确表示法的过程。

是，在这里，还有一个额外的顺序属性，它会尝试捕获时间。因此，$x(1)$是第一个输入，随后它将获得 $x(2)$，以此类推。输出也同样如此。如果采用经典设置，将只使用 $x(1)$ (给定输入向量)和 $y(4)$ 来捕捉(整体)输出。但是，对于顺序设置和预测下一个设置，将使用所有 x 和 y。

需要注意的是，与简单前馈神经网络中的情况不同，在这里，也使用 h，它们用于表示循环连接的输入。需要从某一内容开始，只需要将所有条目都设置为 0，即可生成 $h(0)$。我们给出一个示例计算，在其中可以看到如何计算所有元素，相比于给出分段计算，这样可以让大家了解更多的信息。将使用 f 表示非线性函数，可以将其认为是逻辑函数。稍后，将看到一种新的非线性函数，称为 softmax 函数，这种函数可以在这里使用，并且与循环神经网络可以说是天作之合。因此，循环神经网络在最终时间 t 计算输出 y。该计算可以展开为以下递归结构(这样可以清楚地显示出为什么需要使用 $h(0)$)。

$$y(t) = f\left(w_o^T h(t)\right) = \tag{7.1}$$

$$= f\left(w_o^T f\left(w_h^T h(t-1) + w_x^T x(t)\right)\right) = \tag{7.2}$$

$$= f\left(w_o^T f\left(w_h^T f\left(w_h^T h(t-2) + w_x^T x(t-1)\right) + w_x^T x(t)\right)\right) = \tag{7.3}$$

$$= f\left(w_o^T f\left(w_h^T f\left(w_h^T f\left(w_h^T h(t-3) + w_x^T x(t-2)\right) + w_x^T x(t-1)\right) + w_x^T x(t)\right)\right) \tag{7.4}$$

可以将上述方程式精简成以下两个方程式，从而使其更便于读取。

$$h(t) = f_h\left(w_h^T h(t-1) + w_x^T x(t)\right) \tag{7.5}$$

$$y(t) = f_o\left(w_o^T h(t)\right) \tag{7.6}$$

其中，f_h 是隐藏层的非线性函数，f_o 是输出层的非线性函数，它们不一定是相同的函数，但是，如果愿意，也可以使用相同的函数。这种类型的循环神经网络称为埃尔曼网络(见参考文献[3])，以语言学家和认知科学家杰弗里·埃尔曼(Jeffrey L. Elman)的名字命名。

如果将方程式 7.5 中的 $h(t-1)$ 更改为 $y(t-1)$，它就会变成如下形式。

$$h(t) = f_h\left(w_h^T y(t-1) + w_x^T x(t)\right). \tag{7.7}$$

这样，就获得了一个乔丹网络(见参考文献[4])，它是以心理学家、数学家和认知科学家迈克尔·欧文·乔丹(Michael I. Jordan)的名字命名的。在相关的文献著作中，埃尔曼网络和乔丹网络都被称为简单循环网络(简称 SRN)。简单循环网络在现在的应用中很少使用，LSTM 才是现在使用的主要循环网络体系结构，但是，在介绍和运用更为复杂的 LSTM 之前，一般将简单循环网络作为主要的教学方法来解释循环网络。现如今，大家可能并不是很重视 SRN，但在首次提出时，它是第一个不必依赖某种"陌生的"表示形式(例如词袋或 n-gram)就可以处理文本中的单词的模型。从某种意义上说，这些表示形式似乎让人觉得语言处理与计算机格格不入，因为人们不使用诸如词袋的内容来理解语言。SRN 对于将语言处理转换为现在使用的单词序列处理范式具有决定性的意义，并且使整个过程更接近人类智能。因此，SRN 应该被认为是 AI 发展历史中的一个里程碑，因为它们迈出了关键的一步：以前看似不可能的事情现在成为可信的、可能的。但是，若干年以后，出现了一种更为强大的神经网络体系结构，在所有实际应用中得到全面运用，不过，获得这种强大功能是要付出一定代价的：LSTM 的训练速度要比 SRN 慢得多。

7.5　长短期记忆网络

在这一节中，将以图形的形式展示长短期记忆(LSTM)网络的工作方式，感兴趣的读者可以根据我们的解释以及随附的图片从头开始对 LSTM 进行编码，相信大家应该不会有什么大的问题。这一节中所有关于 LSTM 的图片都是根据 Christopher Olah 的博客重新生成的。我们按原样沿袭了博客中使用的表示法(只有一些细小的细节略有不同)，此外，为了便于展示说明，在图 7.3 中省略了权重，但是，在后面的图片中处理 LSTM 的各个分量时，会将权重加进来。我们从前面的方程式 7.5 知道 $y(t) = f_o\big(w_o \cdot h(t)\big)$ (f_o 是为输出层选择的非线性函数)，在这一章中，$y(t)$ 与 $h(t)$ 相同，虽然这里只是简单地记作 $y(t) = h(t)$，但还要指出的是，实际上 $h(t)$ 要乘以 w_o 才能得到 $y(t)$。如果只是从形式上说，这不是那么重要，但是，我们希望通过为 $y(t)$ 给出准确的定义能够让大家对此更为明确。

图 7.3 中显示了 LSTM 的鸟瞰图，并将其与 SRN 进行比较。有一点马上可以看出来，那就是 SRN 有一个从一个单元到下一个单元的链接(它就是 $h(t)$ 流)，而 LSTM 具有相同的 $h(t)$，而且 $C(t)$ 也是相同的。这里的 $C(t)$ 称为细胞状态(cell state)，并且这是通过 LSTM 的主要信息流。形象地说，单元状态就是 LSTM 中的 L、T 和 M，也就是说，它是模型的长期记忆。其他出现的所有内容只不过是不同的过滤器，用于决定哪些内容应该保留或添加到细胞状态。图 7.4(a)重点展示了细胞状态(现在，你应该在图片中忽略 $f(t)$ 和 $i(t)$，在后面的几段内容中将为大家介绍它们的计算方式)。

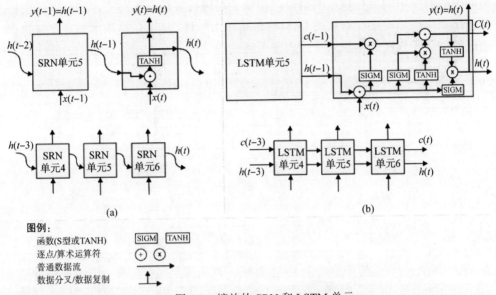

图例：
函数(S型或TANH)　　　SIGM　TANH
逐点/算术运算符　　　　⊕　⊗
普通数据流　　　　　　→
数据分叉/数据复制　　　┣→

图 7.3　缩放的 SRN 和 LSTM 单元

　　LSTM 通过所谓的门向细胞添加信息或从细胞删除信息，这些构成了 LSTM 中单元的其余部分。实际上，门非常简单。它们是加法、乘法和非线性函数运算的组合。在这里，非线性函数运算只是用于"挤压"信息。逻辑函数或 S 型函数(在图中表示为 SIGM)用于将信息"挤压"为 0～1 的值，而双曲正切函数(在图中表示为 TANH)用于将信息"挤压"为 -1～1 的值。对于此，可以通过以下方式进行理解：SIGM 做出模糊"是"/"否"决定，而 TANH 做出模糊"阴性"/"中性"/"阳性"决定。除此之外，它们没有其他任何作用。

　　第一种门是遗忘门，图 7.4(b)重点展示的就是这种门。"门"这一叫法是通过与逻辑门类比而得来的。单元 t 的遗忘门使用 $f(t)$ 来表示，简单地表示为 $f(t) := \sigma\big(w_f(x(t) + h(t-1))\big)$。直观地说，它控制要记住加权原始输入和上一个加权隐藏状态的多少。请注意，σ 是逻辑函数的符号。

　　对于权重，存在多种不同的处理方式，不过，最直接的方式就是将 w_h 拆分为若干不同的权重 w_f, w_{ff}, w_C 和 w_{fff}。[1]需要记住的是，可以通过多种不同的方式来处理权重，其中一些方式会尝试保留与更简单的模型中相同的名称，但是，对深度学习来说，最常见的方式是考虑一种由基本"构建块"组成的体系结构，这些构建块像乐高积木一样组装到一起，然后每个块应该有自己的一组权重。一个完

---

1 请注意，我们这里所说的并不是非常精确，实际上，LSTM中的 $\mathbf{w}_f$ 与SRN中的 $\mathbf{w}_x$ 相同，而不是旧的 $\mathbf{w}_h$ 的一个分量。

整的神经网络中的所有权重利用反向传播一起进行训练，实际上，联合训练使神经网络成为一个连接在一起的整体(与乐高积木一样，每个乐高积木通常都有自己的嵌钉，用于连接其他积木从而构成一种结构)。

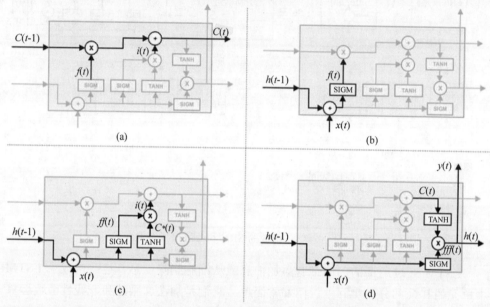

图 7.4   细胞状态(a)、遗忘门(b)、输入门(c)和输出门(d)

下一种门(在图 7.4(c)中重点展示)称为输入门，这种门要稍微复杂一些，它用于决定在细胞状态中放置什么。它由另一种具有不同权重的遗忘门(简单地使用 $ff(t)$ 表示)组成，不过，它还有一个额外的模块用于创建要添加到细胞状态的候选项。$ff(t)$ 可以被认为是一种保存机制，用于控制将输入的多少保存到细胞状态。用符号表示如下：

$$ff(t) := \sigma\left(\boldsymbol{w}_{ff}(x(t) + h(t-1))\right) \qquad (7.8)$$

$$i(t) := ff(t) \cdot C^*(t) \qquad (7.9)$$

在这里，漏掉了候选项(通过 $C^*(t)$ 表示)的计算。计算候选项非常简单，如下所示：$C^*(t) := \tau\left(\boldsymbol{w}_C \cdot (x(t) + h(t-1))\right)$，其中 τ 是表示双曲正切 tanh 的符号。在这里，使用双曲正切函数将结果挤压成 $-1 \sim 1$ 的值。直观地说，上述范围的负数部分 $(-1 \sim 0)$ 可以看作一种获取快速"否定"的方式，因此，相反数可以认为是获取语言反义词的快速处理(举例来说)。

正如在前面看到的，LSTM 单元具有三个输出：$C(t)$、$y(t)$ 和 $h(t)$。我们已经拥有计算当前细胞状态 $C(t)$ 所需的全部内容(图 7.4(a)中展示了这种计算)。

$$C(t) := f(t) \cdot C(t-1) + i(t) \tag{7.10}$$

由于 $y(t) = g_o\big(w_o \cdot h(t)\big)$ (其中, g_o 是所选的非线性函数), 因此, 剩下的就是计算 $h(t)$。为了计算 $h(t)$, 需要遗忘门的第三个副本($fff(t)$), 其任务是确定将输入的哪部分以及多少包含在 $h(t)$ 中, 如下所示。

$$fff(t) := \sigma\big(w_{ff}(x(t) + h(t-1))\big) \tag{7.11}$$

现在, 唯一要做的就是获得完整的输出门(其结果实际上并不是 $o(t)$, 而是 $h(t)$), 为此, 需要将 $fff(t)$ 乘以挤压到−1 和 1 之间的当前细胞状态, 如下所示。

$$h(t) := fff(t) \cdot \tau(C(t)) \tag{7.12}$$

现在, 我们最终获得了完整的 LSTM。最后再给出一个简单的说明: $fff(t)$ 可以被认为是一种"聚焦"机制, 即尝试指出细胞状态最重要的部分是什么。你可能会思考 $f(t)$、$ff(t)$ 和 $fff(t)$, 但实际上它们各自参与不同的部分, 因此, 我们希望它们能承担我们所需的机制(分别是"从最后一个单元记忆""保存输入"以及"聚焦细胞状态的这一部分")。请记住, 这只是我们的奢望, 除了使用我们选择使用的计算序列或信息流, 没有其他任何方式来"强制"对 LSTM 进行这种解释。这意味着这些解释是隐喻性的, 只有当我们获得百万分之一概率的幸运而做出正确的猜测时, 这些机制才会与人脑中的机制实际相符。

LSTM 最早是由 Hochreiter 和 Schmidhuber 于 1997 年提出的(见参考文献[2]), 它们已经成为完成自然语言处理、时间序列分析和许多其他顺序任务最重要的深度学习体系结构之一。现如今, 关于循环神经网络最好的参考书之一应该算是参考文献[5], 强烈建议那些想要专门研究这些令人惊叹的体系结构的读者阅读这本书。

7.6 使用循环神经网络预测后续单词

在这一节中, 将给出一个简单循环神经网络的实用示例, 用于基于一段文本预测后续的单词。这种任务是非常灵活的, 因为它不仅允许预测, 还包括问题解答, (单个单词)解答就是序列中的下一个单词。我们使用的示例是参考文献[6]中的示例的修改版本, 包含大量的注释和解释。原始代码的某些部分已经过修改, 从而使得代码更易于理解。正如上一节中所说的, 这是一段可以正常运行的 Python 3 代码, 但是, 需要安装所有依存项。此外, 你还应该能够理解代码中包含的意

思，不过，为了查看细微之处，用户需要在计算机上运行实际代码。[1]首先导入
Python 库，需要导入的内容如下所示。

```
from keras.layers import Dense, Activation
from keras.layers.recurrent import SimpleRNN
from keras.models import Sequential
import numpy as np
```

接下来，需要定义超参数。

```
hidden_neurons = 50
my_optimizer ="sgd"
batch_size = 60
error_function = "mean_squared_error"
output_nonlinearity = "softmax"
cycles = 5
epochs_per_cycle = 3
context = 3
```

简单看一下使用了哪些变量。变量 hidden_neurons 表示要使用多少个隐
藏单元。在这里，使用埃尔曼单元，因此，这与隐藏层中的反馈环的数量是相同
的。变量 optimizer 用于定义将要使用的 Keras 优化器，在这个示例中，使用
的是随机梯度下降，不过，还有其他优化器可以选择使用，建议试用若干优化器，
感受一下有什么不同。需要注意的是，"sgd"是随机梯度下降的 Keras 名称，因
此，在键入时必须严格采用这种书写形式，不能书写为"SGD""stochastic_GD"
或其他任何类似的形式。变量 batch_size 用于指示在一次随机梯度下降迭代中
将使用多少个示例。变量 error_function = "mean_squared_error"会告诉
Keras 使用之前一直在使用的 MSE 误差函数。

不过，现在看一下激活函数 output_nonlinearity，我们发现一些之前
从未看到过的内容，那就是 softmax 激活函数或非线性函数，其 Keras 名称为
"softmax"。softmax 函数定义如下：

$$\zeta\left(z_j\right) := \frac{\mathrm{e}^{z_j}}{\sum_{n=1}^{N}\mathrm{e}^{z_k}}, j = 1, \cdots, N \tag{7.13}$$

---

1 可以从本书的GitHub代码库获取，也可以在一个文件(.txt)中键入本节中的所有代码，然
后对其进行重命名以将扩展名更改为.py。

softmax 是一个非常有用的函数: 它可以将一个具有任意实数值的向量 z 变换为具有 0 到 1 范围内的值的向量, 它们全部加起来的和为 1。softmax 函数经常在用于多类别分类[1]的深度神经网络的最后一层中使用, 用于获取可能是类别的概率代理的输出, 之所以会这样用, 这就是原因所在。可以看到, 如果向量 z 只有两个分量, 即 z_0 和 z_1 (就好比是二元分类), 那么会降级为逻辑函数分类, 只是权重为 $w_\sigma = w_{\zeta 1} - w_{\zeta 0}$。现在继续介绍 SRN 代码的下一部分, 请记住, 对于其余的参数, 将在它们在代码中变为活动状态时进行注释。

```
def create_tesla_text_from_file(textfile="tesla.txt"):
    clean_text_chunks = []
    with open(textfile, 'r', encoding='utf-8') as text:
        for line in text:
            clean_text_chunks.append(line)
    clean_text = ("".join(clean_text_chunks)).lower()
    text_as_list = clean_text.split()
    return text_as_list
text_as_list = create_tesla_text_from_file()
```

这部分代码会打开一个纯文本文件 `tesla.txt`, 用于进行训练和预测。在这里, 该文件应该是采用 UTF-8 进行编码的, 如果不是采用这种编码格式, 应该更改代码中的 UTF-8 以反映相应的文件编码。需要注意的是, 现在的绝大部分文本编辑器都会区分 "文件编码" (文件的实际编码)与 "编码" (用于在编辑器中显示该文件的文本的编码)。这种方法适用于大小约为所用计算机上可用 RAM 大小的 70% 的文件。由于使用的是纯文本文件, 因此, 对于拥有 16 GB 可用 RAM 的计算机来说, 大小为 10 GB 的文件可以正常工作, 10 GB 可以包含很多的纯文本(为让大家有一个对比概念, 举个例子, 包含元数据和页面历史记录的整个英文版维基百科对应的纯文本大小为 14 GB)。对于更大的数据集, 将采用不同的方法, 也就是将大文件拆分成多个区块, 并将它们视为批, 然后一个一个进行馈送, 但是, 关于如何处理这么大的数据的详细信息不在本书的介绍范围之内。

请注意, 当 Python 打开并读取文件时, 它会逐行返回, 因此, 实际上是将这些行聚集在一个称为 `clean_text_chunks` 的列表中。然后, 将所有这些内容合并到一起, 形成一个称为 `clean_text` 的大字符串, 随后再将它们切割为单个

---

1 指的是具有两个以上的类别。需要注意的是, 在具有两个类别(假设为 A 和 B)的二元分类中, 实际上是在其中之一中执行分类(例如, 在输出层中使用逻辑函数), 并获取概率分数 p_A。而 B 的概率分数计算为 $1 - p_A$。

单词，并存储在称为 `text_as_list` 的列表中，这就是整个函数 `create_tesla_text_from_file`(textfile="tesla.txt")返回的内容。(textfile="tesla.txt") 部分表示函数 `create_tesla_text_from_file`()要求提供一个参数(称为 textfile)，但提供了默认值"tesla.txt"。这意味着，如果给出一个文件名，函数将使用该文件名，否则，将使用"tesla.txt"。最后一行 `text_as_list = create_tesla_text_from_file`()调用函数(使用默认文件名)，并将函数返回的内容存储在变量 `text_as_list` 中。现在，所有文本都位于一个列表中，其中每个单独的元素是一个单词。需要注意的是，这里可能存在单词重复的情况，这没有任何问题，代码的下一部分就将处理这种情况。

```
distinct_words = set(text_as_list)
number_of_words = len(distinct_words)
word2index = dict((w, i) for i, w in enumerate(distinct_words))
index2word = dict((i, w) for i, w in enumerate(distinct_words))
```

在上面的代码中，`number_of_words` 实际上就是计算文本中的单词数。`word2index` 用于创建字典，以唯一单词作为键，以它们在文本中的位置作为值，而 `index2word` 执行的操作刚好相反，它也会创建一个字典，但会将位置作为键，将单词作为值。接下来，看看下面的代码。

```
def create_word_indices_for_text(text_as_list):
    input_words = []
    label_word = []
    for i in range(0,len(text_as_list) - context):
        input_words.append((text_as_list[i:i+context]))
        label_word.append((text_as_list[i+context]))
    return input_words, label_word
input_words,label_word = create_word_indices_for_text(text_as_list)
```

现在，变得非常有意思了。这里显示的是一个函数，用于根据原始文本创建一个输入单词列表和一个标签单词列表，需要采用由单个单词构成的列表的形式。我们对此稍作解释。假设我们有一句简短的文本"why would anyone ever eat anything besides breakfast food?"。然后，我们希望生成"输入"/"标签"结构以用于预测后面的单词，为此，将这个句子分解成一个数组，如表 7.1 所示。

表 7.1 将句子分解成数组

输入单词1	输入单词2	输入单词3	标签单词
why	would	anyone	ever
would	anyone	ever	eat
anyone	ever	eat	anything
ever	eat	anything	besides
eat	anything	besides	breakfast
anything	besides	breakfast	food

请注意，使用了三个输入单词，将下一个单词声明为标签，然后在下一行中向后移动一个单词，并重复上面的过程。使用的输入单词数量实际上是通过超参数 context 定义的，可以根据需要进行更改。函数 create_word_indices_for_text(text_as_list) 以列表形式接收一段文本，创建输入单词列表和标签单词列表，然后返回这两个列表。下一部分代码如下：

```
input_vectors = np.zeros((len(input_words), context, number_of_
words), dtype=np.int16)
vectorized_labels = np.zeros((len(input_words), number_of_words),
dtype=np.int16)
```

上述代码生成"空"张量，以零填充。请注意，术语"矩阵"和"张量"来自于数学，在数学领域，它们是处理特定运算的对象，是两个不同的概念。计算机科学将它们都视为多维数组。不同之处在于，计算机科学重点关注的是它们的结构：如果沿一个维度进行迭代，沿该维度(准确地说是"轴")的所有元素具有相同的形状。张量中条目的类型是 int16，不过，你可以根据需要对其进行更改。

接下来，简单讨论张量维度。从技术上来说，张量 input_vectors 称为三阶张量，但实际上，它就是一个具有三个维度的"矩阵"，或者简单地说是一个三维数组。为了理解 input_vectors 张量的维度，首先需要注意的是，有三个单词(也就是 context 定义的数量的单词)进行独热编码。请大家注意，使用的技术是独热编码，而不是词袋，这是因为只保留了文本中的唯一单词。由于使用了独热编码，因此会扩展一个维度。这用于处理张量的 context 和 number_of_words 维度，这里的第三个维度(在代码中，指的是第一个 len(input_words))实际上就是为了将所有输入绑定到一起，就像前面章节中用于保存所有输入向量的矩阵。vectorized_labels 也是一样的，只是这里没有通过变量 context 指定三个或 *n* 个单词，而只有一个单词，也就是标签单词，因此，需要在张量中减少一个维度。由于初始化了两个空张量，因此需要通过某种方法在适当的位置放入 1，下一部分代码就用于完成此操作，如下所示。

```
for i, input_w in enumerate(input_words):
    for j, w in enumerate(input_w):
        input_vectors[i, j, word2index[w]] = 1
        vectorized_labels[i, word2index[label_word[i]]] = 1
```

虽然有点难，但还是建议大家尝试自己找出上述代码如何对张量进行"爬网"，并在适当的位置放入 1。[1]现在，已经理清了所有杂乱的部分，下一部分代码实际上是使用 Keras 函数指定完整的简单循环神经网络。

```
model = Sequential()
model.add(SimpleRNN(hidden_neurons, return_sequences=False,
input_shape=(context,number_of_words), unroll=True))
model.add(Dense(number_of_words))
model.add(Activation(output_nonlinearity))
model.compile(loss=error_function, optimizer=my_optimizer)
```

实际上，这里绝大多数可以调整的内容都放在超参数中。在这一部分，不应进行任何更改，唯一的例外或许就是添加一些新层，执行此操作的方法是复制用于指定层的一行或多行代码，特别是第二行，或者是第三行和第四行。现在，剩下唯一要做的就是看看模型的工作表现，以及生成的输出是什么。这是通过最后一部分代码来完成的，如下所示。

```
for cycle in range(cycles):
    print("> - <" * 50)
    print("Cycle: %d" % (cycle+1))
    model.fit(input_vectors, vectorized_labels, batch_size = batch_size,
epochs = epochs_per_cycle)
    test_index = np.random.randint(len(input_words))
    test_words = input_words[test_index]
    print("Generating test from test index %s with words %s:" % (test_index,
test_words))
    input_for_test = np.zeros((1, context, number_of_words))
```

---

1 这或许是本书中最具挑战性的一项任务，但千万不要因此而跳过，因为它会对更好地理解相关内容提供非常大的帮助，而且只包含四行代码。

```
for i, w in enumerate(test_words):
    input_for_test[0, i, word2index[w]] = 1
predictions_all_matrix = model.predict(input_for_test, verbose = 0)[0]
predicted_word = index2word[np.argmax(predictions_all_matrix)]
print("THE COMPLETE RESULTING SENTENCE IS: %s %s" % ("".join(test_words),
predicted_word))
    print()
```

　　这部分代码用于训练和测试完整的SRN。测试通常是预测我们保存的部分数据(测试集)，然后度量准确率。但是，这里使用的是预测下一个设置，该设置没有标签，因此，需要采用一种不同的方法。我们的想法是在一个循环中进行训练和测试。一个循环包含一个训练会话(具有一定数量的 epoch)，然后从文本生成一个测试句子，看看网络给出的单词在放到文本中单词的后面是否合适。这就完成了一个循环。这些循环是累积的，每次连续的循环以后，句子就会变得越来越有意义。在超参数中，已经指定要训练 5 个循环，每个循环具有 3 个 epoch。

　　简单回顾前面执行的操作。为了提高计算效率，绝大多数用于预测下一个的工具都使用马尔可夫假设。非正式地说，马尔可夫假设意味着可以将需要考虑从一开始起的所有步骤的概率 $\mathbb{P}(s_n|\ s_{n-1},s_{n-2},s_{n-3},\ldots)$ 简化为只考虑上一步的概率 $\mathbb{P}(s_n|\ s_{n-1})$。如果某个系统采用这种迂回计算的方式，就被认为是 "使用马尔可夫假设"。如果某个过程只关注前一个时间状态，那么说它是一个马尔可夫过程。语言产生不属于马尔可夫过程。假设你是一个分类器，并且拥有如下 "训练" 语句："We need to remember what is important in life: friends, waffles, work. Or waffles, friends, work. Does not matter, but work is third"。如果这是一个马尔可夫过程，并且可以做出马尔可夫假设而不会损失太多的功能，那么只需要一个单词即可说出下一个单词是什么。如果给定单词 Does，你就可以说，在你的训练集中，此单词后面一定是 not，这没有任何问题。但是，如果给定单词 work，则会遇到一些困难，不过可以通过概率分布予以解决。然而，如果没有预测下一个设置，而你的任务是识别什么时候讲话者出错(也就是你要试图认真研究意思的时候)会怎么样。然后，你将需要之前的所有单词来进行比较。在很多时候，你可以稍微走一点捷径，对非马尔可夫过程做出马尔可夫假设，而不会出现什么问题，不过问题是，循环神经网络与许多其他机器学习算法不同，它们不需要做出马尔可夫假设，因为它们完全可以处理许多时间步，而不仅仅是最后一个。

　　在结束对循环神经网络的介绍之前，还有最后一点需要说明，那就是反向传播是如何工作的。循环神经网络中的反向传播称为基于时间的反向传播

(Backpropagation Through Time，BPTT)。在我们的代码中，没有必要担心反向传播，因为 TensorFlow(Keras 的默认后端)自动为我们计算梯度，不过，我们来看看在后台究竟发生了什么。请记住，反向传播的目标是计算误差 E 相对于 w_x, w_h 和 w_o 的梯度。

在介绍 MSE 和 SSE 误差函数的时候，大家已经看到采用了对误差进行加总的方法，对于机器学习来说，这已经是非常好的做法。此外，还可以在某个给定的时间点针对每个训练样本进行梯度求和。

$$\frac{\partial E}{\partial w_i} = \sum_t \frac{\partial E_t}{\partial w_i} \tag{7.14}$$

下面，通过一个完整的例子来了解一下这种方法的工作方式。例如，想要计算 E_2 的梯度。

$$\frac{\partial E_2}{\partial w_o} = \frac{\partial E_2}{\partial y_2} \frac{\partial y_2}{\partial z_2} \frac{\partial z_2}{\partial w_o} \tag{7.15}$$

这意味着，对于 w_o，时间分量不起任何作用。正如所预期的，对于 w_h(w_x 与此类似)，有一点不同，如下所示。

$$\frac{\partial E_2}{\partial w_h} = \frac{\partial E_2}{\partial y_2} \frac{\partial y_2}{\partial h_2} \frac{\partial h_2}{\partial w_h} \tag{7.16}$$

不过，请记住，$h_2 = f_h(w_h h_1 + w_x x_2)$，这意味着整个表达式依赖于 h_1，因此，如果想要求对 w_h 的导数，则不能将其视为一个常量。正确的方法是将最后一项拆分为求和的形式，如下所示。

$$\frac{\partial h_2}{\partial w_h} = \sum_{i=0}^{2} \frac{\partial h_2}{\partial h_i} \frac{\partial h_i}{\partial w_h} \tag{7.17}$$

因此，除了求和之外，基于时间的反向传播与标准反向传播完全相同。实际上，这种计算上的简化就是 SRN 相比于具有相同数量的隐藏层的前馈神经网络更利于防止出现梯度消失问题的原因。接下来，解决最后一个问题。我们之前使用的误差函数是 MSE，对于回归和二元分类来说，这是一种有效的选择。而对于多类别分类来说，更好的选择是交叉熵误差函数，其定义如下。

$$CE = -\frac{1}{n} \sum_{i \in \text{curr Batch}} \left(t_i \ln y_i + (1 - y_i) \ln(1 - y_i) \right) \tag{7.18}$$

其中，t 是目标，y 是分类器结果，i 是针对当前批目标和输出进行迭代的虚拟变量，而 n 是批中所有样本的数量。交叉熵误差函数是从对数似然推导出来的，不过，其推导过程非常烦琐，而且不是我们所需要的，因此这里直接跳过，不作详细的介绍。交叉熵是一种更为自然的误差函数选择，但是，从概念上说，它不是很容易理解，因此，在本书中使用的是 MSE，当然，对于所有多类别分类任务，你可能会选择使用 CE。对应的 Keras 代码是 `loss=categorical_ crossentropy`，不过，建议大家访问 https://keras.io/losses/，浏览其中的所有损失函数，你可能会惊奇地发现，一些函数(将在不同的上下文中进行讨论)也可以在神经网络训练中用作损失函数或误差函数。实际上，为了使深度学习模型获得好的准确率，找到或者定义一种好的损失函数通常是非常重要的一个环节。

第8章

自动编码器

8.1 学习表示

本章和第 9 章介绍无监督深度学习，也称为学习分布式表示或者表示学习。不过，首先需要解决第 3 章中留下的一个问题。第 3 章讨论了 PCA，将其作为学习分布式表示的一种形式，并将问题以公式的形式表示为求取 $Z = XQ$，其中所有特征都已去相关。在这里，将计算矩阵 Q。需要具有 X 的协方差矩阵。给定矩阵的协方差矩阵显示原始矩阵的元。两个随机变量 X 和 Y 的协方差定义为 $COV(X,Y) := \mathbb{E}((X - \mathbb{E}(X))(Y - \mathbb{E}(Y)))$，显示两个随机变量如何一起变化。请大家记住，如果不需要过于精确，那么粗略地说，任何与数据相关的内容都可以被认为是随机变量。此外，再笼统一些地说，对于随机变量 X，可以认为 $\mathbb{E}(X) = \text{MEAN}(X)$。[1] 需要注意的是，仅当 X 的分布为均匀分布时，这才会成立，但是，从实际应用的角度来说，即使不是均匀分布，这也非常有帮助，特别是在机器学习中，可能会在某些地方进行相应的优化，这样就可以不用过于追求精确性。

细心的读者可能已经注意到，$\mathbb{E}(X)$ 实际上是一个向量，而 $\text{MEAN}(X)$ 是一个值，但是，将使用称为广播(broadcasting)的一种机制来解决这一问题。将一个值 v 广播成一个 n 维向量 $\boldsymbol{v}$ 实际上就是将同一个值 v 放置到 $\boldsymbol{v}$ 的每一个分量中，或者简单地表示如下。

---

1 实际上，期望值是加权和，可以通过频率表进行计算。举例来说，如果5个学生中有3个获得的评分为"5"，另外两个获得的评分为"3"，那么 $\mathbb{E}(X) = 0.6 \cdot 5 + 0.4 \cdot 3$。

$$\text{broadcast }(v,n) = \underbrace{(v,v,v,\cdots,v)}_{n} \tag{8.1}$$

将矩阵 X 的协方差矩阵表示为 $\Xi(X)$。这并不是一种标准的表示法，但是，由于与标准表示法 C 或 Σ 有所不同，因此，这种表示法可以避免发生混淆，因为在本书中，会在另一种情况下使用标准表示法。为了更加形式化地理解协方差矩阵，假设有一个填充了随机变量的列向量 $X = (X_1, X_2, \cdots, X_d)^{\mathrm{T}}$，协方差矩阵 Ξ_x（也可以表示为 Ξ_{ij}）可以定义为 $\Xi_{ij} = \text{COV}(X_i, X_j) = \mathbb{E}((X_i - \mathbb{E}(X_i))\ (X_j - \mathbb{E}(X_j)))$，或者，如果写出整个 $d \times d$ 矩阵，则如下所示。

$$\Xi_x = \begin{bmatrix} \mathbb{E}\big((X_1 - \mathbb{E}(X_1))(X_1 - \mathbb{E}(X_1))\big) & \cdots & \mathbb{E}\big((X_1 - \mathbb{E}(X_1))(X_d - \mathbb{E}(X_d))\big) \\ \mathbb{E}\big((X_2 - \mathbb{E}(X_2))(X_1 - \mathbb{E}(X_1))\big) & \cdots & \mathbb{E}\big((X_2 - \mathbb{E}(X_2))(X_d - \mathbb{E}(X_d))\big) \\ \vdots & \ddots & \vdots \\ \mathbb{E}\big((X_d - \mathbb{E}(X_d))(X_1 - \mathbb{E}(X_1))\big) & \cdots & \mathbb{E}\big((X_d - \mathbb{E}(X_d))(X_d - \mathbb{E}(X_d))\big) \end{bmatrix} \tag{8.2}$$

现在，应该可以清楚地看到，协方差矩阵实际上度量的是"自"协方差，也就是它自己的元素之间的协方差。下面看看矩阵 $\Xi(X)$ 具有哪些属性。首先，它必须是对称的，因为 X 与 Y 的协方差和 Y 与 X 的协方差是相同的。$\Xi(X)$ 也是一个正定矩阵，这意味着对于每个非零向量 v，变量 $v^{\mathrm{T}}Xz$ 都是正值。

接下来，介绍另一个略有不同的概念，那就是特征向量(eigenvector)。一个 $d \times d$ 矩阵 A 的特征向量指的是与 A 相乘时方向不会发生变化(但长度会发生变化)的向量。可以证实的是，对于上面这种情况，刚好存在 d 个特征向量。比较难的是如何求得特征向量，实际上方法有很多种，其中较为常用的一种方法是梯度下降。由于所有数值计算库都可以为我们求得特征向量，因此，不再进行详细介绍。

特征向量在乘以矩阵 A 时不会改变方向，而只会改变长度。通常的做法是对特征向量进行归一化，并使用 v_i 表示。这种长度的变化称为特征值，通常表示为 λ_i。这实际上就引出了矩阵的特征向量和特征值的一个基本属性，那就是 $A v_i = \lambda_i v_i$。

得到 v 和 λ 以后，首先按照降序顺序排列 lambda，如下所示。

$$\lambda_1 > \lambda_2 > \cdots > \lambda_d$$

这也会为对应的特征向量 $v_1, v_2, \cdots, v_d$（请注意，其中的每一个都采用 $v_i = v_i^{(1)}, v_i^{(2)}, \cdots, v_i^{(d)}$ 的形式，$(1 \leqslant i \leqslant d)$ 创建一个排列，因为它们与特征值之间存在一对一的对应关系，在这种情况下，可以简单地将特征值的顺序"复制"到特征向量上。创建一个 $d \times d$ 矩阵，以特征向量作为列，按照对应特征值的顺序进行排序(在最后一步中，只需要对各个元进行重命名，以使其符合通常的矩阵元命名约定)。

$$V = \left(v_1^{\mathrm{T}}, v_2^{\mathrm{T}}, \ldots, v_d^{\mathrm{T}} \right) = \begin{bmatrix} v_1^{(1)} & v_2^{(1)} & \cdots & v_d^{(1)} \\ v_1^{(2)} & v_2^{(2)} & \cdots & v_d^{(2)} \\ \vdots & \vdots & \ddots & \vdots \\ v_1^{(d)} & v_2^{(d)} & \cdots & v_d^{(d)} \end{bmatrix} = \begin{bmatrix} v_{11} & v_{12} & \cdots & v_{1d} \\ v_{21} & v_{22} & \cdots & v_{2d} \\ \vdots & \vdots & \ddots & \vdots \\ v_{d1} & v_{d2} & \cdots & v_{dd} \end{bmatrix}$$

现在创建一个由零组成的空矩阵(大小为 $d \times d$)，然后将 lambda 以降序顺序放在对角线上。将这个矩阵称为 Λ：

$$V = \begin{bmatrix} \lambda_1 & 0 & \cdots & 0 \\ 0 & \lambda_2 & \cdots & 0 \\ \vdots & \vdots & \ddots & \vdots \\ 0 & 0 & \cdots & \lambda_d \end{bmatrix}$$

在此之后，看看如何完成矩阵的特征分解。需要拥有一个对称矩阵 A，它的特征分解如下。

$$A = V \Lambda V^{-1} \tag{8.3}$$

唯一的条件是，所有特征向量 v_i 是线性独立的。由于 Ξ 是一个具有线性独立特征向量的对称矩阵，因此，可以使用特征分解来获得以下对任何协方差矩阵 Ξ 都成立的方程式：

$$\Xi = V \Lambda V^{-1} \tag{8.4}$$

$$\Xi V = V \Lambda \tag{8.5}$$

由于 V 是标准正交的，[1]因此，还可以得到 $V^{\mathrm{T}} V = I$。现在，准备工作已经完成，可以回过头来解决 $Z = XQ$ 的问题。我们来看一看变换数据 Z。可以将 Z 的协方差表示为 X 的协方差乘以 Q：

$$\Xi_Z = \frac{1}{d} \left((Z - \mathrm{MEAN}(Z))^{\mathrm{T}} (Z - \mathrm{MEAN}(Z)) \right) = \tag{8.6}$$

$$= \frac{1}{d} \left((XQ - \mathrm{MEAN}(X)Q)^{\mathrm{T}} (XQ - \mathrm{MEAN}(X)Q) \right) = \tag{8.7}$$

---

1 我们省略了证明过程，不过，如果读者感兴趣，在任何线性代数教科书中都可以找到相应的证明，例如参考文献[1]。

$$= \frac{1}{d} \boldsymbol{Q}^{\mathrm{T}} (\boldsymbol{X} - \mathrm{MEAN}(\boldsymbol{X}))^{\mathrm{T}} (\boldsymbol{X} - \mathrm{MEAN}(\boldsymbol{X})) \boldsymbol{Q} = \tag{8.8}$$

$$= \boldsymbol{Q}^{\mathrm{T}} \Xi_X \boldsymbol{Q} \tag{8.9}$$

现在需要选择一个矩阵 $\boldsymbol{Q}$，使得我们可以获得想要的结果(相关零和根据方差进行排序的特征)。简单地选择了 $\boldsymbol{Q} := \boldsymbol{V}$。然后，可以得到：

$$\Xi_Z = \boldsymbol{V}^{\mathrm{T}} \Xi_X \boldsymbol{V} = \boldsymbol{V}^{\mathrm{T}} \boldsymbol{V} \Lambda = \Lambda \tag{8.10}$$

下面看看得到了怎样的结果。Ξ_Z 中除对角线元素以外的所有元素都是零，这意味着 Z 仅沿对角线保留相关性。这是变量与其自身的协方差，实际上就是之前遇到的方差，并且矩阵按降序方差进行排序 $\left(\mathrm{VAR}(X_i) = \mathrm{COV}(X_i, X_i) = \lambda_i \right)$。这就是我们想要的所有内容。需要注意的是，我们在二维的情况下对矩阵执行了 PCA，不过，这对张量同样成立。如果想要了解有关主成分分析的更多信息，可以查阅参考文献[2]。

现在，我们已经了解了如何创建相同数据的不同表示，使得用于描述它的特征具有零协方差，并且按照方差进行排序。通过执行此操作，创建了一种数据的分布式表示，因为名为 "height(身高)" 的列不再存在，我们得到了合成列。这里关键的一点是，可以构建各种分布式表示，但是，需要知道希望最终数据遵从什么约束。如果希望此约束保持未指定，并且不想直接指定它，而是通过提供示例的形式指定，那么需要使用一种更为普遍的方法。这种方法就是自动编码器，它可以在许多任务中提供令人惊叹的普遍适用性。

8.2　不同的自动编码器体系结构

自动编码器是一种三层前馈神经网络。它们有一个特性：目标 t 实际上与输入 x 具有相同的值，这意味着自动编码器的任务就是重新创建输入。因此，自动编码器是一种无监督学习的形式。这就要求输出层必须与输入层具有相同数量的神经元。满足了所有这些要求，前馈神经网络就可以称为自动编码器。可以将这一版本的自动编码器称为 "普通自动编码器"(plain vanilla autoencoder)。我们马上就会发现，普通自动编码器存在一个问题。如果隐藏层中的神经元数量至少与输入层和输出层中的神经元数量相同，那么该自动编码器有学习恒等函数的危险。这就产生了一个约束，那就是隐藏层中的神经元数量必须少于输入层和输出层中的神经元数量。可以将满足这一属性的自动编码器称为简单自动编码器。经过完全训练的自动编码器的隐藏层的输出可以看成一种分布式表示，与 PCA 类似，并且与 PCA 一样，这种表示可以馈送到逻辑回归或简单前馈神经网络作为输入，而且它生成的结果要比正则表示好得多。

但是，也可以采取另一种途径，称为稀疏自动编码器。假定我们将隐藏层中的神经元数量限制为最多是输入层中神经元数量的 2 倍，则添加一个较大的丢弃值，例如 0.7。然后，对于每次迭代，具有的隐藏神经元数量将少于输入神经元数量，但与此同时，将生成一个较大的隐藏层向量。这个较大的隐藏层向量是一种(非常大的)分布式表示。这里究竟发生了什么？直观地说，就是简单自动编码器生成了一种紧凑的分布式表示，这是输入的一种不同表示。这样，简单神经网络可以更轻松地理解它并进行处理，从而使得准确率大大提高。稀疏自动编码器以相同的方式理解输入，但除此之外，它们还学习冗余并提供更"稀释"、更大的向量，而该向量处理起来更为简单。回想一下多个维度中超平面的工作方式，就可以很好地理解这一点。还可以通过另一种方式来定义稀疏自动编码器，即通过稀疏率(sparsity rate)，它会强制将低于某个特定阈值的激活视为零，这与我们的方法类似。

也可以让自动编码器的作业变得更难一些，即在输入中插入一些噪点。执行此操作的方法是，按照某个固定的数量使用插入的随机数字创建输入的副本，例如，随机选择的输入的 10%。目标是没有噪点的输入副本。这些自动编码器称为降噪自动编码器。如果添加显式正则化，将获得一类新的自动编码器，称为收缩自动编码器。图 8.1 为大家形象地展示了各种类型的自动编码器。除此之外，还有很多其他类型的自动编码器，不过，它们更为复杂，而且超出了本书的介绍范围。如果有读者对此感兴趣，推荐阅读参考文献[3]。

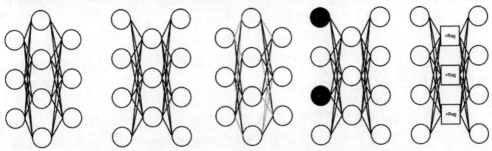

图 8.1 普通自动编码器、简单自动编码器、稀疏自动编码器、
降噪自动编码器、收缩自动编码器

所有自动编码器都用于为简单前馈神经网络进行数据预处理。这意味着需要从自动编码器获取经过预处理的数据。该数据不是整个自动编码器的输出，而是中间(隐藏)层的输出，那些艰苦单调而又枯燥无趣的工作都是在这一层完成的。

下面解决一个技术上的问题。有一个概念，我们之前已经看到但并未正式介绍，那就是隐变量。隐变量指的是位于后台并且与一个或多个"可见"变量相关的变量。在第 3 章中，在以非正式方式处理 PCA 时，已经看到了一个相关的示例，当时，在"height"(身高)和"weight"(体重)背后有一些合成属性。这些是很好的隐变量示例。当假设(或者创建)隐变量时，一般假定已经拥有用于定义它的概率分布。需要注意的是，我们到底是发现还是定义隐变量，这是一个哲学问题，不过，毫无疑问，我们希望隐变量(定义的隐变量)与实际的隐变量(我们度量或发现的隐变量)尽可能地接近。分布式表示是隐变量的一种概率分布，这些应该是目标隐变量，并且当它们非常相似时，学习将停止。这意味着需要通过某种方式来度量概率分布之间的相似度。通常情况下，这是通过 Kullback-Leibler 散度(简称 KL 散度)来实现的，其定义如下所示。

$$\mathbb{KL}(P, Q) := \sum_{n=1}^{N} P(n) \log \frac{P(n)}{Q(n)} \tag{8.11}$$

其中，P 和 Q 是两个概率分布。需要注意的是，$\mathbb{KL}(P,Q)$ 并不是对称的(如果更改 P 和 Q，它也会发生变化)。按照传统习惯，Kullback-Leibler 散度表示为 D_{KL}，但是，我们使用的表示法更接近本书中的另一种表示法。在很多资料来源中都提供了更多的详细信息，不过，推荐读者阅读参考文献[3]。自动编码器是一个相对比较古老的概念，由 Dana H. Ballard 于 1987 年在参考文献[4]中首次提出。除了 Ballard 以外，Yann LeCun 在参考文献[5]中也独立提出了类似的结构。如果想要对各种类型的自动编码器及其功能有一个比较全面的了解，可以阅读参考文献[6]，其中也对叠加降噪自动编码器进行了介绍，而将在下一节中为大家介绍这种自动编码器。

8.3 叠加自动编码器

如果自动编码器看起来与乐高积木类似，你的直觉没有错，实际上，它们可以叠加到一起，而我们将这种自动编码器称为叠加自动编码器。但要记住，自动编码器的实际结果并不在输出层中，而是中间层中的激活，然后获取这些输出并用作规则的神经网络的输入。这意味着，如果想要对它们进行叠加，需要的并不是简单地将一个自动编码器粘贴到另一个自动编码器的后面，实际上是按照图 8.2 所示，将它们的中间层合并到一起。假设有两个简单自动编码器，大小分别为(13, 4, 13)和(13, 7, 13)。需要注意的是，如果它们想要处理同样的数据，它们需要具有相同的输入(和输出)大小。只有中间层或自动编码器体系结构可能会有所不同。对于简单自动编码器,它们通过创建一个 13, 7, 4, 7, 13 叠加自动编码器进行叠加。如果回想一下自动编码器执行的操作,就会发现,创建一个自然瓶颈非常有意义。对于其他体系结构, 做出不同的排列可能会更好。再次强调一下, 叠加自动编码器的实际结果是由中间层构建的分布式表示。我们将按照参考文献[6]的方法叠加降噪自动编码器,并对 `https://blog.keras.io/building-autoencoders-in-keras.html` 上的代码进行一些修改。像之前一样, 代码的第一部分由一些导入语句构成, 如下所示。

```
from keras.layers import Input, Dense
from keras.models import Model
from keras.datasets import mnist
import numpy as np
(x_train, _), (x_test, _) = mnist.load_data()
```

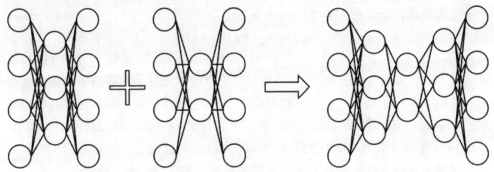

图 8.2　叠加一个(4, 3, 4)自动编码器和一个(4, 2, 4)自动编码器将生成
一个(4, 3, 2, 3, 4)叠加自动编码器

上述代码的最后一行用于从 Keras 代码库加载 MNIST 数据集。你可以手动完成此操作, 不过, Keras 有一个内置函数可以将 MNIST 数据集加载到 Numpy[1]数组中。需要注意的是, Keras 函数会返回两个对, 一个由训练样本和训练标签(二者都是包含 60 000 行的 Numpy 数组)组成, 另一个由测试样本和测试标签(也是 Numpy 数组, 不过其中包含 10 000 行)组成。由于不需要标签, 因此通过_anonymous 变量加载它们, 这基本上就相当于一个垃圾桶, 但还是需要它, 因为函数需要返回两个对, 如果不提供必要的变量, 系统会发生崩溃。在这种情况下, 接收值并将它们

---

1 Numpy 是用于处理数组和快速数值计算的 Python 库。

转储在变量_中。代码的下一部分将对 MNIST 数据进行预处理。我们将其拆分成
不同的步骤：

```
x_train = x_train.astype('float32') / 255.0
x_test = x_test.astype('float32') / 255.0
noise_rate = 0.05
```

这部分代码将 0~255 的原始值转换为 0~1 的值，并将它们的 Numpy 类型声
明为 float32 (32 位精度的小数)。它还引入了一个噪点比参数，后面很快就会用到
该参数。

```
x_train_noisy = x_train + noise_rate * np.random.normal
(loc=0.0, scale=1.0, size=x_train.shape)
x_test_noisy = x_test + noise_rate * np.random.normal
(loc=0.0, scale=1.0, size=x_test.shape)
x_train_noisy = np.clip(x_train_noisy, 0.0, 1.0)
x_test_noisy = np.clip(x_test_noisy, 0.0, 1.0)
```

这部分代码在数据副本中引入噪点。需要注意的是，np.random.normal
(loc=0.0, scale=1.0, size=x_train.shape) 引入一个新数组，大小为
使用高斯随机变量填充的 x_train 数组，loc=0.0(实际上是平均值)，
scale=1.0 (实际上是标准差)。然后将它乘以噪点比并加到数据中。接下来的
两行实际上是为了确保所有数据都限定为 0~1，即使在执行加法运算之后也是
如此。现在，可以调整数组的形状，其当前的形状是(60000, 28, 28)和(10000, 28,
28)，将其分别调整为(60000, 784)和(10000, 784)。在首次引入并介绍 MNIST 时，
已经接触到这种方法，现在，可以看到实际使用的代码，如下所示。

```
x_train = x_train.reshape((len(x_train), np.prod(x_train.shape[1:])))
x_test = x_test.reshape((len(x_test), np.prod(x_test.shape[1:])))
x_train_noisy = x_train_noisy.reshape((len(x_train_noisy), np.prod
(x_train_noisy.shape[1:])))
x_test_noisy = x_test_noisy.reshape((len(x_test_noisy), np.prod
(x_test_noisy.shape[1:])))
assert x_train_noisy.shape[1] == x_test_noisy.shape[1]
```

在上述代码中，前 4 行用于调整我们拥有的 4 个数组的形状，最后一行是一
个测试，用于检查噪点训练和测试向量的大小是否相同。由于使用的是自动编码
器，因此需要这样做。如果因为某种原因导致二者的大小不同，整个程序将在这
里发生崩溃。主动让程序崩溃可能让人感觉有点奇怪，但通过这种方式，我们实

际上可以获得控制权，因为知道哪里发生了崩溃，通过使用尽可能多的测试，即使是非常复杂的代码，也可以快速完成调试。代码的预处理部分到此结束，接下来，将继续构建实际的自动编码器。

```
inputs = Input(shape=(x_train_noisy.shape[1],))
encode1 = Dense(128, activation='relu')(inputs)
encode2 = Dense(64, activation='tanh')(encode1)
encode3 = Dense(32, activation='relu')(encode2)
decode3 = Dense(64, activation='relu')(encode3)
decode2 = Dense(128, activation='sigmoid')(decode3)
decode1 = Dense(x_train_noisy.shape[1], activation='relu')(decode2)
```

这将提供一种与之前不同的视图，因为现在手动连接各层(你可以看到，层大小分别为 128、64、32、64、128)。为了展示各种激活函数的名称，我们在这里添加了不同的激活函数，不过，也可以尝试使用其他不同的组合。在这里，有一点一定要注意，那就是输入大小和输出大小都等于 x_train_noisy.shape[1]。在指定了层以后，继续构建模型(请大胆地尝试使用不同的优化器[1]和误差函数[2])。

```
autoencoder = Model(inputs, decode1)
autoencoder.compile(optimizer='sgd', loss='mean_squared_error',
metrics=['accuracy'])
autoencoder.fit(x_train,x_train,epochs=5,batch_size=256,shuffle=True)
```

在运行代码以后，还应该增加 epoch 的次数。最后，我们来到用于求解、预测和找出最深中间层的权重的最后一部分自动编码器代码。需要注意的是，当输出所有权重矩阵时，正确的权重矩阵(叠加自动编码器的结果)是维度开始增加的第一个权重矩阵[在我们的示例中为(32, 64)]。

```
metrics = autoencoder.evaluate(x_test_noisy, x_test, verbose=1)
print()
print("%s:%.2f%%" % (autoencoder.metrics_names[1], metrics[1]*100))
print()
results = autoencoder.predict(x_test)
all_AE_weights_shapes = [x.shape for x in autoencoder.get_weights()]
print(all_AE_weights_shapes)
ww=len(all_AE_weights_shapes)
```

---

1 可以尝试使用 Adam 优化器。
2 可以尝试使用 binary_crossentropy(二元交叉熵)。

```
deeply_encoded_MNIST_weight_matrix = autoencoder.get_weights()
[int((ww/2))]
print(deeply_encoded_MNIST_weight_matrix.shape)
autoencoder.save_weights("all_AE_weights.h5")
```

生成的权重矩阵存储在变量 deeply_encoded_MNIST_weight_matrix 中，其中包含叠加自动编码器的最中间层的训练权重，之后，这应该与标签(我们转储的值)一起被馈送到全连接神经网络。此权重矩阵是原始数据集的一种分布式表示。此外，还会在 H5 文件中保存所有权重的一个副本，以便稍后使用。我们还添加了变量 results，以便使用自动编码器进行预测，但是，这主要是用于评估自动编码器的质量，而不是用于实际预测。

8.4　重新创建猫论文

在这一节中，将重新创建著名的"猫论文"中所展示的观点，这篇论文的正式标题为 "Building High-level Features Using Large Scale Unsupervised Learning" (使用大规模无监督学习构建高级特征)(见参考文献[7])。我们将对内容进行一定的简化，以便更好地描绘这篇令人称奇的论文的细节。这篇论文之所以非常有名，是因为作者构建了一个神经网络，而这个神经网络能够学习通过观看 YouTube 视频来识别猫。这究竟是怎么一回事呢？先退一步，了解这个过程指的是什么。这里的"观看"指的就是作者从一千万个 YouTube 视频中进行帧抽样，以 RGB 形式获取一些 200×200 的图像。接下来就到了关键部分："识别猫"指的是什么呢？一定有人会认为，他们构建了一个分类器，针对各种猫的图像进行训练，然后使用它来对猫进行分类。不过，实际上作者并不是这么做的。他们为这个网络提供了一个没有添加标签的数据集，然后针对 ImageNet 中的猫图像对其进行测试(负样本指的就是不包含猫的随机图像)。通过学习重新构造输入(这意味着输出神经元的数量与输入神经元的数量相同)来对网络进行训练，而这使其成为一个自动编码器。可以发现，结果神经元位于这个自动编码器的中间部分。该网络具有很多结果神经元(为了简便起见，假设有 4 个结果神经元)，他们注意到，这些神经元的激活构成了一个图案(激活是 S 型函数，因此它们的范围为 0～1)。如果网络在分类时发现对象与它曾经看到的图像(猫)类似，就会构成一个图案，例如，神经元 1 为 0.1，神经元 2 为 0.2，神经元 3 为 0.5，神经元 4 为 0.2。如果它对要分类的对象并没有类似的记忆，那么神经元 1 将为 0.9，而其他神经元都为 0。

通过这种方式，就发现了一种隐式的标签生成方法。

不过，猫论文还展现出另一个非常酷的结果。他们向网络询问视频中是什么，而网络绘制出一只猫的脸(按照技术媒体的表示形式)。但这意味着什么呢？这意味着他们获取了表现最好的"猫查找器"神经元，在我们的示例中为神经元 3，并且找到了其识别为猫的前 5 个图像。假设对于这 5 个图像，猫查找器神经元的激活值分别为 0.94、0.96、0.97、0.95 和 0.99。然后，他们将这些图像组合到一起并进行修改(使用数值优化，类似于梯度下降)，从而得出一个新图像，使得给定神经元的激活值为 1。这种图像就是一个猫脸的图样。这听起来有点像科幻小说，但如果仔细想一想，就会发现这并不是那么的不可思议。他们选取了最好的猫识别器神经元，然后选择了最为可信的 5 个图像。很容易就可以想象到，这些是最清楚的猫脸图片。后来又将这些图像组合到一起，添加了一些对比，于是就得到了最终的结果，也就是在该神经元中生成激活值为 1 的图像。它是不同于数据集中的其他任何图像的猫图像。神经网络按照指示观看关于猫的 YouTube 视频(实际上它并不知道观看的是猫)，在收到提示要求它回答看到的是什么时，该网络就绘制出猫的图片。

在这里，缩小了操作的规模，实际上使用的体系结构非常庞大，其中包括 16 000 个计算机内核(我们常用的笔记本电脑一般具有 2 到 4 个内核)，网络的训练时间超过了三天。该自动编码器有超过 10 亿个可训练的参数，而这仅仅是人类视觉皮质中的突触数量的一小部分。用于训练的输入图像为 200×200×3 的张量，而用于测试的为 32×32×3 的张量。与卷积网络类似，作者使用了 18×18 的感受野，但权重并未在图像中共享，而是感受野的每个"切片"(tile)都有自己的权重。使用的特征图数量为 8。在此之后，是一个使用 L2 池化的池化层。L2 池化按照与最大池化相同的方式提取一个区域(例如 2×2)，但并不是输出输入的最大值，而是对所有输入求二次方，将它们相加，然后对结果求平方根并将其作为输出。

自动编码器在总体上具有三个部分，它们全都具有相同的体系结构。一部分获取输入，应用感受野(不使用共享的权重)，然后应用 L2 池化，最后进行称为局部对比度归一化的变换。这一部分完成以后，另外两个部分基本上完全相同。使用异步 SGD 对整个网络进行训练。这意味着会有很多 SGD 同时针对不同的部分进行操作，并且具有一个集中的权重存储库。在每个阶段的开始，每个 SGD 会向存储库询问权重更新，对它们进行一些优化，然后将它们发送回存储库，以便其他运行异步 SGD 的实例可以使用它们。使用的小批大小为 100。我们省略了其余的细节，如果有读者对此感兴趣，可以阅读原始论文。

第9章

神经语言模型

9.1 词嵌入和词类比

　　神经语言模型是单词和句子的分布式表示。它们是学习表示，也就意味着它们是数值向量。词嵌入指的是以数字形式转换单词的任何方法，因此，任何学习神经语言模型都是获取词嵌入的一种方式。使用术语"词嵌入"表示某个或某些单词非常具体、有形的数值表示形式，例如，将"Nowhere fast"表示为(1, 0, 0, 5.678,-1.6, 1)。在这一章中，将重点介绍最著名的神经语言模型，也就是 Word2vec 模型，该模型使用简单神经网络学习用于表示单词的向量。

　　这与循环神经网络的预测下一个设置比较相似，不过，它还额外提供了一个优势：可以计算单词距离，并且相似的单词之间只有很短的距离。按照惯例，可以使用汉明距离来度量两个单词(字符串形式)的距离(见参考文献[1])。为了度量汉明距离，两个字符串必须具有相同的长度，它们的距离就是不同字符的数量。比如，单词 topos 与 topoi 之间的汉明距离是 1，而单词 friends 与 fellows 之间的汉明距离是 5。需要注意的是，单词 friends 与 0r$8MMs 之间的汉明距离也是 5。通过将汉明距离除以单词的长度，可以轻松地将该距离归一化为一个百分比值。你可能已经注意到，这种技术对于处理语言非常有用，但局限性也是非常明显的。

　　在统称为字符串编辑距离度量标准的各种字符串相似度度量中，汉明距离是最简单的一种方法。之后，又发展演进出更多的距离度量标准，例如莱文斯坦距离(也称为编辑距离)(见参考文献[2])或者 Jaro–Winkler 距离(见参考文献[3、4])，这些度量标准可以比较不同长度的字符串，并以不同的方式惩罚各种错误，例如插入、删除或编辑。所有这些都是以单词的形式来度量单词。在比较 professor 与 teacher 时，它们的作用不是很大，因为它们永远也不会识别意思上的相似度。正因如此，我们希望通过某种方式在向量中嵌入一个单词，用于传达关于单词意思的信息(也就是它在我们语言中的运用)。

如果将单词表示为向量，需要具有向量之间的距离度量标准。之前，曾经多次接触到这一概念，不过，现在可以正式引入向量的余弦相似度表示法。如果想要更为深入地了解余弦相似度，可以参阅参考文献[5]。两个 n 维向量 v 和 u 的余弦相似度表示如下：

$$\mathbb{CS}(v,u) := \frac{v \cdot u}{\|v\| \cdot \|u\|} = \frac{\sum_{i=1}^{n} v_i u_i}{\sqrt{\sum_{i=1}^{n} v_i^2} \sqrt{\sum_{i=1}^{n} u_i^2}} \tag{9.1}$$

其中，v_i 和 u_i 是 v 和 u 的分量，而 $\|v\|$ 和 $\|u\|$ 分别表示向量 v 和 u 的范数。余弦相似度的范围是 1 (相等)到-1 (相反)，0 表示不存在相关性。当使用词袋、独热编码或相似词嵌入时，余弦相似度的范围是 0 到 1，因为表示片段的向量不包含负分量。这意味着，在这种情况下，0 就表示"相反"的意思。

接下来，将继续介绍 Word2vec 神经语言模型[6]。特别地，将解决以下问题：它需要什么输入，它将给出什么输出，是否有参数对其进行调整，以及如何在完整的系统中使用它，也就是它如何与更大系统中的其他分量进行交互。

9.2 CBOW 和 Word2vec

可以使用两种不同的体系结构构建 Word2vec 模型，即 skip-gram 和 Word2vec。这两种体系结构实际上都是浅层神经网络，只是稍有一些变化。为了解其中的差别，将使用句子 "Who are you, that you do not know your history?" 来进行说明。首先，将大写字母转换为小写字母，并清理掉标点符号。这两种体系结构都使用单词的语境(该单词两侧的单词)以及该单词本身。必须提前定义语境的大小。为简便起见，将使用大小为 1 的语境。这意味着单词的语境由它前面的一个单词以及它后面的一个单词组成。将上面的句子拆分成单词和语境对，如表 9.1 所示。

表 9.1 单词和语境对

语境	单词
'are'	'who'
'who'、'you'	'are'

(续表)

语境	单词
'are'、'that'	'you'
'you'、'you'	'that'
'that'、'do'	'you'
'you'、'not'	'do'
'do'、'know'	'not'
'not'、'your'	'know'
'know'、'history'	'your'
'your'	'history'

我们已经注意到，这两个版本的 Word2vec 都是学习模型，这意味着它们必须进行学习。skip-gram 模型学习根据给定中间单词的语境预测一个单词。这是什么意思呢？如果向模型提供 'are'，它应该预测出 'who'；如果提供 'know'，它应该预测出 'not' 或 'your'。CBOW 版本与此相反，假定语境大小为 1，它会从语境中提取两个单词[1](将它们称为 c_1 和 c_2)，并使用它来预测中间单词或主单词(将使用 m 表示)。

从结构上说，生成词嵌入与自动编码器非常相似。为构建生成嵌入的网络，将使用一个浅层前馈网络。输入层将接收单词索引向量，因此，词汇量中有多少唯一的单词，我们就需要有多少个输入神经元。隐藏神经元的数量称为嵌入大小(建议的值范围为 100～1000，即使对于不太大的数据集，该值也要比词汇量小得多)，而输出神经元的数量与输入神经元相同。输入层到隐藏层的连接是线性的，也就是说，它们没有激活函数，而隐藏层到输出层的连接使用的是 softmax 激活函数。输入层到隐藏层的权重是模型的交付产出(类似于自动编码器交付产出)，该矩阵包含特定单词的各个单词向量作为行。要想提取正确的单词向量，最简单的方法之一就是将该矩阵乘以给定单词的单词索引向量。需要注意的是，这些权重会按照通常的方法使用反向传播进行训练。图 9.1 展示了上述整个过程。如果还有什么不是很清楚的地方，读者可以使用之前我们在本书中介绍的内容自行填充细节，相信大家都可以做到。

在继续介绍 CBOW Word2vec 的代码之前，必须更正一个历史上的错误。Word2vec 背后的思想是，给定单词的意思由语境确定，这通常定义为该单词在某种语言中的使用方式。绝大多数深度学习教科书(包括官方的关于 Word2vec 的

---

1 如果语境大小为 2，它将提取 4 个单词，主单词前面的两个单词和其后面的两个单词。

TensorFlow 文档)都认为这一思想源自 Harris 于 1954 年发表的论文(见参考文献[7])，同时需要注意的是，在 1957 年，这一思想引入语言学，并称之为分布式假设(见参考文献[8])。实际上，这是错误的。这一思想是 1953 年在 Wittgenstein 的 *Philosophical Investigations*(哲学研究)中(见参考文献[9])首次提出的，由于日常语言哲学和哲学逻辑(主要处理语言形式化的逻辑领域)在自然语言处理的历史中扮演着非常重要的角色，因此，必须承认它们的历史功绩和正确定性。

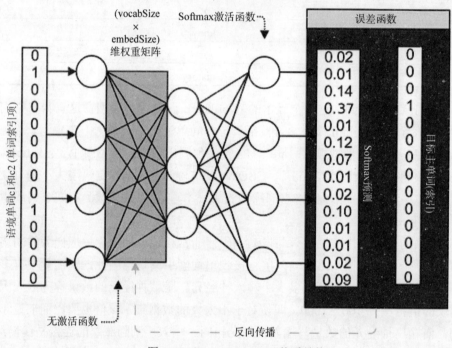

图 9.1　CBOW Word2vec 体系结构

9.3　Word2vec 代码

在这一节和下一节中，将展示一个 CBOW Word2vec 实现的示例。这两节中的所有代码应该放在一个 Python 文件中，因为它们是连在一起的。首先是一些通用的导入和超参数，如下所示。

```python
from keras.models import Sequential
from keras.layers.core import Dense
import numpy as np
from sklearn.decomposition import PCA
```

```
import matplotlib.pyplot as plt
text_as_list=["who","are","you","that","you","do","not","know",
"your","history"]
embedding_size = 300
context = 2
```

在上面的代码中，`text_as_list` 可以接收任何文本，因此，可以将你的文本放在这里，或者也可以使用循环神经网络中用于将文本文件解析为单词列表的代码部分。嵌入大小是隐藏层的大小(从而也将成为单词向量的大小)。语境大小是将使用的给定单词之前和之后的单词数。如果语境大小为 2，则表示将使用主单词之前的两个单词和主单词之后的两个单词创建输入(主单词将作为目标)。下面继续介绍下一个代码块，该代码块与循环神经网络对应的代码部分完全相同，如下所示。

```
distinct_words = set(text_as_list)
number_of_words = len(distinct_words)
word2index = dict((w, i) for i, w in enumerate(distinct_words))
index2word = dict((i, w) for i, w in enumerate(distinct_words))
```

上述代码将使用两种方式创建单词和索引字典，一种方式将单词作为键，将索引作为值；而另一种方式将索引作为键，将单词作为值。下一部分代码有一些复杂，需要认真理解。它会创建一个函数，该函数生成两个列表，一个是主单词列表，另一个是给定单词的语境单词列表(它是一个由列表构成的列表)。

```
def create_word_context_and_main_words_lists(text_as_list):
    input_words = []
    label_word = []
    for i in range(0,len(text_as_list)):
        label_word.append((text_as_list[i]))
        context_list = []
        if i >= context and i<(len(text_as_list)-context):
            context_list.append(text_as_list[i-context:i])
            context_list.append(text_as_list[i+1:i+1+context])
            context_list = [x for subl in context_list for x in subl]
        elif i<context:
            context_list.append(text_as_list[:i])
            context_list.append(text_as_list[i+1:i+1+context])
            context_list = [x for subl in context_list for x in subl]
        elif i>=(len(text_as_list)-context):
```

```
        context_list.append(text_as_list[i-context:i])
        context_list.append(text_as_list[i+1:])
        context_list = [x for subl in context_list for x in subl]
    input_words.append((context_list))
return input_words, label_word
input_words,label_word = reate_word_context_and_main_words_lists
(text_as_list)
input_vectors = np.zeros((len(text_as_list), number_of_words), dtype=
np.int16)
vectorized_labels = np.zeros((len(text_as_list), number_of_words),
dtype=np.int16)
for i, input_w in enumerate(input_words):
    for j, w in enumerate(input_w):
        input_vectors[i, word2index[w]] = 1
        vectorized_labels[i, word2index[label_word[i]]] = 1
```

下面介绍该代码块执行了哪些操作。第一部分是函数的定义，该函数接收一个单词列表，返回两个列表。第一个是单词列表的一个副本(在代码中名为 label_word)，第二个是 input_words，它是一个由列表构成的列表。列表中的每个列表都保存 label_word 中对应单词的语境中的单词。定义了整个函数以后，将针对变量 text_as_list 调用该函数。使用零创建用于保存对应于两个列表的单词向量的两个矩阵以后，代码的最后一部分将使用 1 更新矩阵中对应的部分，从而为输入生成语境最终模型，为目标生成主单词最终模型。下一部分代码将初始化 Keras 模型，并对其进行训练，如下所示。

```
word2vec = Sequential()
word2vec.add(Dense(embedding_size, input_shape=(number_of_words,),
activation="linear", use_bias=False))
word2vec.add(Dense(number_of_words, activation="softmax", use_bias
=False))
word2vec.compile(loss="mean_squared_error", optimizer="sgd",
metrics=['accuracy'])
word2vec.fit(input_vectors, vectorized_labels, epochs=1500, batch_
size=10, verbose=1)
metrics = word2vec.evaluate(input_vectors, vectorized_labels,
verbose=1)
print("%s: %.2f%%" % (word2vec.metrics_names[1], metrics[1]*100))
```

该模型严格遵循上一节中展示的体系结构。它不使用偏差，因为将提取权重，我们不希望在其他任何地方有任何此类信息。将对模型进行 1500 次 epoch 的训练，你可能想要体验一下这些训练迭代。如果有人想要改用 skip-gram 模型，只需要交换这些矩阵，也就是应该将 word2vec.fit(input_vectors, vectorized_labels, epochs =1500, batch_size=10, verbose=1) 这 部 分 代 码 更 改 为 word2vec.fit(vectorized_labels, input_vectors, epochs=1500, batch_size=10, verbose=1)，这样就可以得到一个 skip-gram 模型。在此之后，通过以下代码提取权重。

```
word2vec.save_weights("all_weights.h5")
embedding_weight_matrix = word2vec.get_weights()[0]
```

至此，操作已经完成。上述代码中的第一行以 number_of_words×embedding_size 维数组的形式返回所有单词的单词向量，并且，可以拾取相应的行以获取对应单词的向量。第一行代码将网络中的所有权重保存到一个 H5 文件中。可以使用 word2vec 执行很多操作，而对于所有这些操作，都需要这些权重。首先，可以只是从头开始学习权重，就像使用代码所做的那样。第二，可能希望微调以前学习的某个词嵌入(假设它是从维基百科数据学习的)，在这种情况下，希望通过原始模型的一个副本来加载以前保存的权重，然后针对可能更具体、与法律文本(举例来说)联系更为紧密的新文本对齐进行训练。第三种使用单词向量的方式实际上就是使用它们来代替独热编码的单词(或者词袋)，然后将它们馈送到另一个神经网络中，而该神经网络的任务可能是预测观点。

需要注意的是，H5 文件包含网络的所有权重，而我们只希望使用第一层的权重矩阵[1]，该矩阵通过最后一行代码来获取，名为 embedding_weight_matrix。我们将在下一节的代码(应该与这一节中的代码位于同一个文件中)中使用 embedding_weight_matrix。

9.4　单词领域概览：一种摒弃符号 AI 的观点

单词向量是一种非常有意思，也是非常有意义的词嵌入类型，因为它们远远不像表面上那么简单，它们可以完成的操作有很多。按照传统观点，推理被视为一种符号概念，它将一个对象的各种关系，甚至是多种对象的各种关系捆绑到一

---

1 如果我们使用 H5 文件进行保存并加载，将在一个具有相同配置的新网络中保存并加载所有权重，可能需要对它们进行微调，然后使用与此处相同的代码仅提取出权重矩阵。

起。对象以及表示它们的符号一直被视为逻辑本原。这意味着，根据定义，它们缺乏我们明确放置到其中的内容以外的任何内容。在几十年里，这已经成为人工智能逻辑方法(GOFAI)的信条。这种观点的主要问题在于，将合理性(rationality)等同于智能(intelligence)，这意味着高级官能具体表现为智能。Hans Moravec(见参考文献[10])发现，高级官能(例如下棋和定理证明)实际上比在未添加标签的照片中识别猫更容易，这使得 AI 研究人员开始重新思考之前被大家接受的智能概念，在此基础上，低官能推理观点逐渐引起人们的关注。

为解释低官能推理是什么，看一个例子。如果考虑"a tomato is a vegetable"和"a tomato is a suspension bridge"这两个句子，你得出的结论可能是，它们都是错误的。从技术上说，你应该是对的。但是，大多数人(以及聪明的动物)都认可一种模糊性(fuzziness)的观点，这种观点会考虑到错误的程度。说"a tomato is a vegetable"的错误程度要比说"a tomato is a suspension bridge"低一些。此外，还要注意的是，这些并不是自然现象的句子，而是关于语言分类和语言使用社会习俗的句子。你并未提到对象("tomato"除外)，而是由描述(由属性构成)或示例(在一定程度上分享很多公共属性)定义的类。请注意，在所有三种情况中，你使用的都是单称词项，唯一的符号部分是"_is a_"，而它是不相关的。

假设一个智能体被锁在一个房间中，只提供使用非母语语言编写的书让其阅读，如果她能够找出一些术语，例如表示地点的单词以及表示人的单词，那么就认为她是聪明的，或者说是具备智能的。因此，如果她将"Luca frequenta la scuola elementare Pedagna"和"Marco frequenta la scuola elementare Zolino"这两个句子分类为是相似的，她就表现出一定程度的智能。在目前这种情况下，她甚至可能会说，在这种上下文中，"Luca"对于"Pedagna"就好比"Marco"对于"Zolino"。如果为她提供一个新句子"Luca vive in Pedagna"，她可能会推断出句子"Marco vive in Zolino"，而她的推断可能刚好是正确的。语义相似项的问题很快就成为推理的问题。

实际上，可以找出数据集中各项的相似性，甚至可以通过 Word2vec 按照这种方式使用它们进行推理。为了了解具体的操作方式，下面再回到我们的代码。下面的代码紧跟在上一节中的代码(位于同一个 Python 文件中)的后面。我们将使用 embedding_weight_matrix 找出一种有趣的方式来度量单词相似性(实际上是单词向量聚类)，以及借助单词向量对单词进行计算和推理。为了执行此操作，首先通过 PCA 运行 embedding_weight_matrix，并且只保留前两个维度，然后简单地将结果绘制到一个文件。[1]

```
pca = PCA(n_components=2)
pca.fit(embedding_weight_matrix)
results = pca.transform(embedding_weight_matrix)
x = np.transpose(results).tolist()[0]
y = np.transpose(results).tolist()[1]
n = list(word2index.keys())
fig, ax = plt.subplots()
ax.scatter(x, y)
for i, txt in enumerate(n):
ax.annotate(txt,(x[i],y[i]))
plt.savefig('word_vectors_in_2D_space.png')
plt.show()
```

上述代码的运行结果是生成图 9.2。请大家注意，需要比这里由 9 个单词构成的句子大得多的数据集，才能学习相似性(并在图中观察到它们)，但是，你可以使用我们用于循环神经网络的解析器来试验各种不同的数据集。

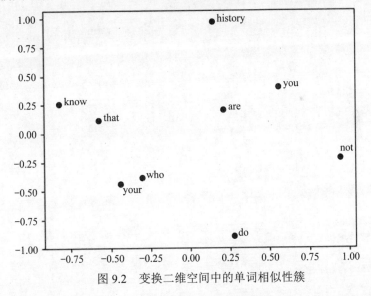

图 9.2　变换二维空间中的单词相似性簇

使用单词向量进行推理也非常简单明了。需要从 embedding_weight_matrix 获取对应的向量，然后使用它们进行简单的算术运算。它们全都具有相同的维度，

---

1 更精确的表达如下：将矩阵变换为一个去相关矩阵，其列按照方差以降序排列，然后保留前两列。

这意味着可以非常轻松地对它们执行加法和减法运算。我们使用 *w2v(someword)* 表示单词 someword 的经过训练的词嵌入。为重新创建经典的示例，我们获取 *w2v(king)*，从中减去 *w2v(man)*，然后加上 *w2v(woman)*，得到的结果应该接近于 *w2v(queen)*。即使使用 PCA 对向量进行变换，并且仅保留前两个或前三个分量，这也是同样成立的，只是有时候变形程度更大一些。这依赖于数据集的质量和大小，作为练习，建议感兴趣的读者可以尝试编写一段脚本，用于针对一个大型数据集执行上述操作。

第10章

不同神经网络体系结构概述

10.1 基于能量的模型

基于能量的模型是一类特定的神经网络。最简单的能量模型是霍普菲尔德网络，最早可追溯到 20 世纪 80 年代(见参考文献[1])。霍普菲尔德网络通常被认为是非常简单的，但它们与之前看到的神经网络有很大的不同。该网络由神经元组成，所有神经元之间都使用权重进行连接，其中，用于连接神经元 n_i 和 n_j 的权重表示为 w_{ij}。每个神经元都有一个与之关联的阈值，将其表示为 b_i。所有神经元中的值要么为 1，要么为-1。如果你想要处理图像，可以将-1 认为是白色，将 1 认为是黑色(这里没有灰色调)。将置于神经元中的输入表示为 x_i。图 10.1(a)显示了一个简单的霍普菲尔德网络。

组建好网络以后，便可以开始进行训练。权重按照下面的规则进行更新，其中，n 表示单个训练样本。

$$w_{ij} = \sum_{n=1}^{N} x_i^{(n)} x_j^{(n)} \tag{10.1}$$

然后，计算每个神经元的激活值，如下所示。

$$y_i = \sum_j w_i j x_j \tag{10.2}$$

对于如何更新权重，存在两种可能性。可以同步进行更新(所有权重同时进行更新)，也可以异步进行更新(逐个进行更新，这是标准的方式)。在霍普菲尔德网络中，不存在循环连接，也就是说，对于所有 i，w_{ii} 都等于 0，并且所有连接都是对称的，即 $w_{ij} = w_{ji}$。下面看一看图 10.1(b)中显示的简单霍普菲尔德网络如何处理图 10.1(c)中简单的 1×3 像素的"图像" [使用向量 $a = (-1,1,-1), b = (1,1,-1)$ 和 $c = (-1,-1,1)$ 来表示]。根据上面的方程式，可以使用更新方程式来计算权重更新，如下所示。

$$w_{11} = w_{22} = w_{33} = 0$$

$$w_{12} = a_1 a_2 + b_1 b_2 + c_1 c_2 = -1 \cdot 1 + 1 \cdot 1 + (-1) \cdot (-1) = 1$$

$$w_{13} = -1$$

$$w_{23} = -3$$

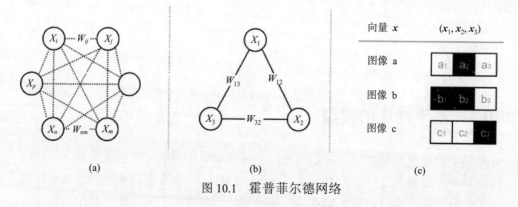

(a)   (b)   (c)

图 10.1　霍普菲尔德网络

霍普菲尔德网络具有一个全局成功度量标准，与规则的神经网络的误差函数类似，我们称之为能量。对于网络训练的每个阶段，都会将能量定义为一个适用于整个网络的值。其计算公式如下：

$$\text{ENE} = -\sum_{i,j} w_{ij} y_i y_j + \sum_i b_i y_i \tag{10.3}$$

然后，随着学习过程向前推进，ENE 会保持不变，或者变小，这就是霍普菲尔德网络达到局部极小值的方式。每个局部极小值都是一些训练样本的记忆。还记得之前介绍的逻辑函数和逻辑回归吗？当时，我们需要两个输入神经元和一个输出神经元来处理合取和析取，而对于异或运算，还需要一个额外的隐藏神经元。在霍普菲尔德网络中，需要 3 个神经元来处理合取和析取，需要 4 个神经元来处理异或运算。

我们要简单介绍的下一个模型是玻尔兹曼机，这种模型于 1985 年首次提出(见参考文献[2])。乍一看，这种模型与霍普菲尔德网络非常相似，它们也有输入神经元和隐藏神经元，并且全部通过权重相互连接。但是，这些权重不是循环的，也不是对称的。图 10.2(a)中显示了一个玻尔兹曼机的示例。隐藏单元随机初始化，它们构建一种隐藏表示来模拟输入。这些构成了两种概率分布，可以与 Kullback-Leibler 散度𝕂𝕃进行比较。然后，主要目标就变得非常明确了，那就是计算$\dfrac{\partial \mathbb{KL}}{\partial w}$，并对其进行反向传播。

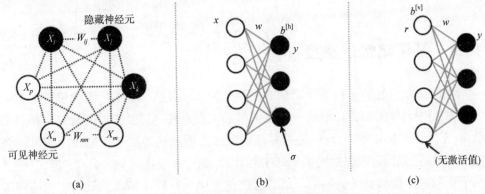

隐藏神经元

可见神经元

(a)　　　　　　　　　(b)　　　　　　　　　(c)

图 10.2　玻尔兹曼机和受限玻尔兹曼机

接下来介绍玻尔兹曼机的一个子类，称为受限玻尔兹曼机(RBM)(见参考文献 [3])。从结构上说，受限玻尔兹曼机其实就是同一层的神经元(即隐藏神经元与隐藏神经元，可见神经元与可见神经元)之间不存在连接的玻尔兹曼机。这似乎是一个小问题，但实际上这使我们可以使用前馈神经网络中所用反向传播的修改版本。由此可以知道，受限玻尔兹曼机具有两层，一个可见层，一个隐藏层。在可见层(一般来说，对于玻尔兹曼机都是如此)中接收输入并读取输出。使用 x_i 表示输入，而隐藏层的偏差则表示为 $b_j^{[h]}$。然后，在顺推过程中(参见图 10.2(b))，RBM 将计算 $r = y^{\mathrm{T}} w + b^{[v]}$。如果到此停止，那么 RBM 与自动编码器比较相似，不过，后面还有一个阶段，那就是重构(参见图 10.2(c))。在重构过程中，会将 y 馈送到隐藏层，然后再传递到可见层。该过程的操作方法如下：将它们与相同的权重相乘，再加上另一组偏差，也就是 $r = y^{\mathrm{T}} w + b^{[v]}$。$x$ 与 r 之间的差异使用𝕂𝕃来度量，然后，在反向传播中使用此误差。RBM 比较脆弱，每次获得非零重构，都是一个好的迹象。玻尔兹曼机类似于逻辑约束满足求解器，但是，它们主要关注的是 Hinton 和 Sejnowski 所谓的"弱约束"。需要注意的是，刚才的介绍与能量函数偏离得有点远，又回到了标准神经网络领域。

我们要简单讨论的最后一种体系结构称为深度信念网络(DBN)，实际上就是叠加 RBM。它们最初是在参考文献[4-5]中引入的。它们在概念上与叠加自动编码器比较相似，但可以使用反向传播将它们训练成生成模型，或者也可以使用对比散度对其进行训练。在这种设置中，它们甚至可以用作分类器。对比散度其实就是可以高效估计对数似然的梯度的一种算法。关于对比散度的讨论已经超出了本书的介绍范围，感兴趣的读者可以阅读参考文献[6-7]，其中对这一主题进行了更为深入的介绍。对于有关基于能量的模型的认知方面的讨论，可以阅读参考文献[8]。

10.2　基于记忆的模型

我们要介绍的第一种基于记忆的模型是神经图灵机(NTM)，这种模型是在参考文献[9]中首次提出的。回忆一下图灵机的工作方式：其包含一个读写头和一个纸带(充当记忆体)。然后，以某种算法的形式为图灵机提供一个函数，图灵机会对该函数进行计算(接收给定的输入并输出结果)。神经图灵机与此类似，但重点在于让所有分量都是可训练的，这样它们就可以执行软计算，并且，它们还应该学习如何做得更好。

神经图灵机的工作方式类似于 LSTM。它接收输入序列，最后输出结果序列。如果希望它输出单个结果，只需要接收最后一个分量，而丢弃其他所有分量。神经图灵机是基于 LSTM 构建的，可以被看成对 LSTM 进行扩展的一种体系结构，与基于简单循环神经网络构建 LSTM 的方式类似。

神经图灵机具有多个分量。第一个分量称为控制器，控制器实际上就是一个 LSTM。与 LSTM 类似，神经图灵机有一个时间分量，所有元素都使用 t 编制索引，神经图灵机在时间 t 的状态会将在时间 $t-1$ 计算的分量作为输入。控制器接收两个输入：(i) 时间 t 的原始输入，即 x_t；(ii) 上一步的结果 r_t。神经图灵机还有另一个非常重要的分量，那就是记忆，它其实就是一个张量，使用 M_t 表示(它通常就是一个矩阵)。记忆不是控制器的输入，而是整个神经图灵机的第 t 步的输入(输入为 M_{t-1})。

图 10.3 中显示了一个完整的神经图灵机的结构，不过，我们省略了其中的很多细节。主要思想就是，整个神经图灵机应该表示为张量，并且可以通过梯度下降算法进行训练。为了实现这一点，普通图灵机中的所有脆弱概念都要进行模糊化，以便不会分开访问任何单个的记忆位置，而是在某种程度上同时访问所有记忆位置。但是，除了模糊部分以外，访问的记忆数量也是可以训练的，因此，它会动态变化。

再次重申：神经图灵机具有一个 LSTM (控制器)，用于接收来自上一步的输出，以及一个全新的输入向量，然后使用它们以及一个记忆矩阵来生成输出，这里的所有内容都是可以训练的。不过，各个分量是如何工作的呢？现在，从记忆往上进行介绍。我们将需要三个向量，都由控制器生成：添加向量 a_t、删除向量 e_t 以及权重向量 w_t。它们很相似，却用于不同的用途。后面我们会回过头来解释它们是如何生成的。

接下来介绍记忆的工作方式。记忆通过矩阵(或者也可能是高阶张量) M_t 表示。该矩阵中的每一行称为一个记忆单元。如果记忆中包含 n 行，那么控制器将生成一个大小为 n 的权重向量(分量范围为0～1)，用于表示每个单元中有多少会被考虑在内。这可能是明确访问一个或多个单元，也可能是模糊访问这些单元。由于这个向量是可训练的，因此几乎不可能是清晰明确的。这是读取操作，简单地定义为 $m×n$ 矩阵 M_t 和 B 的哈达玛积(逐点乘法)，其中 B 通过以下方法获得：对 m 维行向量 w_t 进行转置，然后广播其值(实际上就是将此列复制 $n-1$ 次)，以便与 M_t 的维度相匹配。

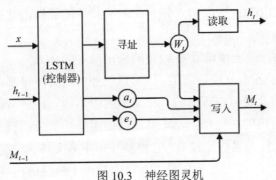

图 10.3　神经图灵机

接下来，神经图灵机将开始写入。它总是读取并写入，但有时也会写入非常相似的值，让我们感觉内容没有发生变化。这一点非常重要，因为这是错误地认为 NTM 做出是否写入或重写决策的常见原因之一。它并不会做出此项决策(它没有单独的决策机制)，它始终执行写入操作，但有时写入的值与原有的值相同。

写入操作本身由两个分量组成：(i) 删除分量；(ii) 添加分量。对于某个记忆单元来说，仅当该单元的权重向量 w_t 分量以及删除向量 e_t 分量都是 1 时，删除操作才会将该单元的分量重置为零。使用符号表示如下：$\hat{M}_t = M_{t-1} \cdot (I - w_t \cdot e_t)$，其中，$I$ 是由 1 组成的行向量，所有积都是哈达玛积或逐点乘积，因此，这些乘法是可交换的。为了处理维度，请根据需要进行转置和广播。添加操作的执行方式完全相同，接收 $\hat{M}_t$ 而不是 M_{t-1}，但使用以下方程式：$M_t = \hat{M}_t + w_t \cdot a_t$。请记住，这些操作的工作方式是相同的，它们都是对可训练分量执行的操作，从本质上来说没有差别，只是操作和可训练方面的不同。现在，需要将两个部分连接起来，这通过寻址来完成。寻址是用于描述权重向量 w_t 如何生成的部分。这个过程相对比较复杂，涉及很多的分量，如果读者想要了解其中的详细信息，可以参考原始论文(见参考文献[9])。需要注意的是，神经图灵机具有基于位置的寻址和基于内容的寻址两种形式，了解这一点非常重要。

下面要介绍的这种基于记忆的模型比前一种要简单得多，但功能一样强大，这种模型就是记忆网络(MemNN)，在参考文献[10]中首次引入。其主要思想就是扩展 LSTM，以改善长期依赖记忆。记忆网络具有若干个分量，除了记忆之外，全部都是神经网络，这使得记忆网络比神经图灵机更符合联结主义的精神，同时又保留了所有强大功能。记忆网络的分量包括

- 记忆(M)：一个向量数组
- 输入特征图(I)：将输入转换为某种分布式表示
- 更新器(G)：决定如何根据通过 I 传入的分布式表示来更新记忆
- 输出特征图(O)：接收输入分布式表示并从记忆得出支持向量，然后生成输出向量
- 应答器(R)：进一步设置 O 给定的输出向量的格式

图 10.4 展示了各个分量的连接。除记忆以外的所有分量都是通过神经网络进行描述的函数，因此是可以训练的。在简单的版本中，I 是 word2vec，G 是将表示存储在下一个可用的记忆槽中，R 将通过使用单词替换索引并添加一些填充词来修改输出。O 执行的操作比较难。它需要找出很多支持性记忆(单个记忆扫描和更新称为一次跳跃[1])，然后找出一种方式将它们与 I 转发的内容"绑定"到一起。这种"绑定"就是简单地对输入与记忆进行矩阵乘法，不过，还包含一些额外的学习权重。这就是它始终应该归入联结主义模型的方式：只不过是添加、乘法运算和权重。实际上，奇妙之处就在于权重。参考文献[11]中介绍了一个完全可训练的复杂记忆网络，有兴趣的读者可以阅读相关内容。

神经图灵机和记忆网络有一个共同的问题，那就是它们都需要使用分段的、基于向量的记忆。我们希望了解如何构建使用连续记忆(或许是由浮点数构成的编码向量)的基于记忆的模型。不过，在这里要给出一句警告，尽管普通的记忆网络具有比 LSTM 更多的可训练参数，但训练可能需要较多的时间，因此，参考文献[11]中提到的记忆模型的主要难题之一是如何在各个分量中重用参数，从而加快学习的速度。记忆网络的记忆寻址仅仅是基于内容的。

---

1 默认情况下，记忆网络只进行一次跳跃，不过，实践证明，多次跳跃可以带来更大的益处，特别是对于自然语言处理来说。

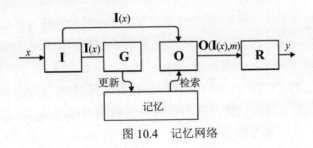

图 10.4　记忆网络

10.3　通用联结主义智能的内核：bAbl 数据集

尽管神经网络曾经无限风光，但它们现在仅仅被认为是 AI 的一个子领域，而深度学习开始在整个 AI 中处于主导地位。自然而然地，这就产生了一个问题，如何将神经网络评估为 AI 系统，这似乎又回到了旧的图灵测试的思想。幸运的是，有一个称为 bAbl 的玩具任务数据集[12]，其思想使其成为通用 AI 的内核：任何希望被识别为通用 AI 的智能体都应该能够通过 bAbl 数据集中的所有玩具任务。bAbl 数据集是纯联结主义方法要解决的最重要的通用 AI 任务之一。

数据集中的任务使用自然语言来表达，其中包含 20 个类别的任务。第一个类别用于处理单个支持事实，其中具有一些样本，尝试捕获已经陈述的内容的简单重复，比如生成的示例"Mary went to the bathroom. John moved to the hallway. Mary travelled to the office. Where is Mary？"。接下来的两个任务引入了更多支持事实，也就是同一个人执行了更多操作。下一个任务重点关注学习和解决关系，例如 "the kitchen is north of the bathroom. What is north of the bathroom？"。Task 19 与此类似，但要复杂得多，这是一个寻找路径的问题："the kitchen is north of the bathroom. How to get from the kitchen to the bathroom？"。这就使复杂性增加了很多。此外，这里的任务是生成路线(通过多个步骤)，在关系解析中，网络只需要生成预解式。

下一个任务用于解决自然语言中的双答案问题。另一个有趣的任务称为"计数"，给定的信息包含一个用于捡起和放下物品的智能体。网络需要计算在序列结束时手里有多少个物品。接下来的三个任务基于否定、合取以及使用三值回答（"是""否""可能"）。后面是用于处理共指消解的任务。然后是用于处理时间推理、位置推理和大小推理(类似于维诺格拉德句子[1])的任务,以及处理基本三段论演绎和归纳的任务。最后一个任务是解决智能体的动机。

该数据集的作者针对数据测试了大量方法,不过,普通(非调整)记忆网络的结果(见参考文献[10])是最有趣的,因为它们表示纯联结主义方法可以实现的结果。我们重新生成了普通记忆网络的准确率列表(见参考文献[12]),如果读者想要了解其他结果,可以参考原始论文。

1. 单个支持事实:100%

2. 两个支持事实:100%

3. 三个支持事实:20%

4. 二变元关系:71%

5. 三变元关系:83%

6. 是-否问题:47%

7. 计数:68%

8. 列表:77%

9. 简单否定:65%

10. 不确定性知识:59%

11. 基本共指:100%

12. 合取:100%

13. 复合共指:100%

14. 时间推理:99%

15. 基本演绎:74%

16. 基本归纳:27%

17. 位置推理:54%

18. 大小推理:57%

19. 路径寻找:0%

20. 智能体的动机:100%

通过这些结果可以得出很多结论。首先,记忆网络可以出色地处理共指消解。此外,它还可以很好地执行纯粹的演绎。不过,最有趣的部分是从包含大量推理

---

1 "维诺格拉德句子"指的是一种特定形式的句子,其中计算机应该解析代词的共指。它们是作为图灵测试的一种备选方法提出来的,因为图灵测试有一些深度缺陷(鼓励欺骗、误导行为),很难对其结果进行量化并大规模进行评估。维诺格拉德句子采用"I tried to put the book in the drwer but it was too [big/small]"的形式,以特里·维诺格拉德的名字命名,他于20世纪70年代首次提出这种形式的句子(见参考文献[13])。

的任务引发的问题，在这些任务中，需要应用演绎以获取结果(与基本演绎不同，基本演绎强调的是形式)。这些任务中最有代表性的是路径寻找和大小推理。我们发现这很有趣，因为记忆网络有一个记忆分量，但这不是用于推理的分量，似乎记忆在基于形式的推理中所起的作用更大一些，比如演绎。还有一点非常有趣，调整记忆网络在归纳时跳到 100%，而在演绎时跌到 73%。关于如何使用神经网络进行推理的问题似乎最重要的是获取过去记忆网络建立的这些基准。

第11章

结　论

11.1　开放性研究问题简单概述

在本书的最后，将为大家列出一些开放性研究问题。在这里列出的一些问题其实来自另外一个类似的问题列表，大家可以在参考文献[1]中找到这个列表。我们希望整理编写一个包含多种多样问题的列表，从而展示深度学习领域的研究是多么丰富多彩，各种风格交相辉映。我们认为最有趣、最能引起读者兴趣的问题如下所示。

1. 是否可以找到梯度下降以外的算法作为反向传播的基础？是否可以找到某种算法作为反向传播的替代算法，并作为一个整体来进行权重更新？

2. 是否可以找到新的、更好的激活函数？

3. 推理是否可以学习？如果可以，如何进行学习？如果不可以，如何在联结主义体系结构中近似计算符号过程？如何在人工神经网络中整合规划、空间推理和知识？这方面的内容远不止表面上这些，因为符号计算可以通过某些解决方案近似表示为纯数值表达式(然后再进行优化)。一个好的非平凡示例是通过 $\dfrac{B}{A} \cdot A = B$ 来表示 $A \rightarrow B$，$A \vdash B$。由于似乎可以非常轻松地找到逻辑连词的数值表示，神经网络是否可以自己找到并实施它？

4. 一般认为，由许多非线性运算层构成的深度学习方法对应于符号系统中重复使用许多子公式的思想。是否可以将这种类比进行形式化？

5. 为什么卷积网络比较容易训练？当然，这与参数数量有一定的关系，不过，即使是在参数数量相同的情况下，它们仍然要比其他网络更易于训练。

6. 是否可以为自我学习(在未添加标签的样本中寻找训练样本，甚至通过自治智能体来积极寻找训练样本)指定一种比较好的策略？

7. 对于神经网络来说，梯度的近似计算已经足够好，但目前它在计算效率上还不如符号推导。对于人类来说，推测接近于某个值(例如，最小值)的数字要比计算精确的数字容易得多。是否可以找到更好的算法来计算近似梯度？

8. 智能体将面对未知的将来任务。是否可以制定一种策略，使其可以预期并且可以立即开始学习(而不忘记前面的任务)？

9. 是否可以证明深度学习的理论结果，这些结果使用的不只是具有线性激活(阈值门)的形式化简单网络？

10. 深度神经网络是否存在某种深度，足以再现所有人类行为？如果存在，通过生成人类操作列表(根据深度神经网络再现给定操作所需的隐藏层数量排序)，我们将获得什么？它与莫拉维克悖论有什么关系？

11. 相比于只是简单地随机初始化权重，是否有更好的备选方法？由于在神经网络中，所有对象都与权重有关，因此，这是一个基本的问题。

12. 局部极小值是真的存在，还是仅仅是目前使用的体系结构固有的限制？大家知道，添加手工特征会有所帮助，并且深度神经网络能够自己提取特征，但为什么它们会陷入困境？课程学习在某些情况下会有很大的帮助，并且可以询问，对于某些任务来说，课程是否是必需的？

13. 从概率的角度难以解释的模型(例如叠加自动编码器、迁移学习、多任务学习)是否可以通过其他形式主义进行解释？比如说模糊逻辑？

14. 是否可以对深度网络进行调整以便从树和图表进行学习，而不仅仅是从向量进行学习？

15. 人类皮层并不总是前馈性质的，它的固有特性是循环性质的，绝大多数认知任务中都存在循环。是否存在只能通过前馈网络或只能通过循环网络进行学习的认知任务？

11.2 联结主义精神与哲学联系

现如今，联结主义处于最积极活跃的时期。联结主义现在被称为"深度学习"，它在 AI 的发展历史上首次试图取代 GOFAI 的核心地位，推理是目前唯一仍有大部分未被征服的主要认知能力。很难说这究竟是永远无法突破的最终壁垒，还是只需要几个月就可以解决的问题。在类似的探索过程中，人工神经网络作为一个研究领域有很多次都差点无疾而终。它们历经多次失败和挫折，始终无法占据主流研究地位，而这或许就是最具传奇，也是最吸引人的地方。最后，它们成为 AI 和认知科学的重要组成部分，现在(一定程度上要感谢市场营销)它们已经拥有近乎神奇的吸引力。

对于雕刻家来说，要想雕刻出一件杰出的作品，需要具备两个条件：对于想要雕刻的内容具有明确、精准的想法，还要具备雕刻所需的技能和工具。哲学和数学是最古老的两个科学分支，甚至可以追溯到文明社会诞生之初，绝大多数科学学科都可以看成从哲学到数学的逐步过渡。这可以记述任何科学学科中的思维发展轨迹，对于联结主义尤其如此：每当感觉思想空白、不知所措的时候，就可以求助于哲学，而当感觉到没有必要的工具时，就可以求助于数学。对于任何科学分支来说，在这两个领域进行一些研究都可以创造辉煌的成就，神经网络也不例外。

至此，本书的全部内容已经介绍完毕，如果整个学习过程让大家感到有所收获，我会甚感欣慰。不过，这只是大家走向深度学习的开端，后面的路还很长。我强烈建议大家不断探索新的知识[1]，千万不要满足于现状，故步自封必将落于人后。如果有人说"你为什么要这样做，这样做不行""你没有能力完成这项工作"或者"这与你的研究领域不相关"，不要受他们的影响，继续自己的研究，努力做到最好。我非常喜欢一句谚语[2]，那就是：每一天都写一些新的东西。如果没有任何新的东西，那就写一些旧的东西。如果也没有任何旧的东西，那就读一些东西。在某一时刻，具有新颖、聪明头脑的人会取得某种突破。这个过程会很艰难，并且会遇到很多阻力，阻力的形式也是各种各样、千奇百怪。不过，大家可以从下面这句话中得到一些安慰，提振信心：神经网络就是斗争的象征，努力从谷底爬出来，再次跌倒，如此反复，最终战胜一切艰难险阻，迎来胜利的曙光。神经网络之父的生活预示着未来所有的奋斗。因此，请回忆一下沃尔特·皮茨(Walter Pitts)的故事，这个伟大的哲学逻辑学家，十几岁就躲在图书馆里阅读 *Principia Mathematica*(数学原理)，作为学生总是想要求教于最好的老师，他用毕生的奋斗将自己写入历史，试图用逻辑拯救整个世界。他的故事必将激励后来者砥砺前行。

---

1 图书、期刊文章、Arxiv、Coursera、Udacity、Udemy等等，有大量的资源可供大家探索学习。

2 我只知道有人曾经说过这句谚语，但不知道究竟是谁说的，如果有读者知道这句谚语的作者是谁，请一定要联系我，不胜感激。